U0163068

Perrine Hanrot

［法］柏莲·昂赫 著

魏清巍 译

喊、Crier,

说、Parler,

唱 Chanter

声音的秘密与威望

Mystères et pouvoirs de la voix

北京联合出版公司 · 昧音
Beijing United Publishing Co.,Ltd.

目 录

1

附　录

酷似我的陌生人

"一个人的声音不为其本人所熟知，在他人听起来却是其身份的标志。"[1]

"你好！这里是柏莲·昂赫的语音留言。您可以给我留言，我会尽快给您回电话。"

我听着刚刚录制的语音信箱应答语，不禁略感吃惊。不管多么熟悉自己的声音，均是徒劳，即便研究声音多年，也无济于事，每次听到这语音信箱应答语时，都觉得它跟我所想象的不完全一样。几乎每次都觉得不一样，但还不是完全不一样。

我们通常辨认不出自己录制过的声音。更多时候，我们并不喜欢自己录制的声音。我们一直以为自己录制后的声音比这沉稳果断，鼻音也没那么重，如果多一些庄重，少一些幼稚，我们会更喜爱它，然而，这就是我们的声音，是其他人听到的声音。就因为它，别人才能立刻将我们辨认出来。有时候，甚至只需两个音节——"是我"，即可确认我们的身份。显而易见，自我意识包括其内心深处的那个陌生人。她来自我们自身，我们也深知她是我们的密使，而我们自己却从来未曾感受到她的存在。她是将我们交与他人的陌生人，是与我们酷似的陌生人。

最近，一位朋友向我讲述了一次特别的经历。几天前，她偶然收听了广播里一档文化类节目。刚听到节目开头的几句话，她便被嘉宾的声音魅力深深打动了——因为不喜欢自己的声音，所以对嘉宾的声音更加迷恋。然而，几秒钟后，她就感到震惊不已：那些话语听起来非常熟悉。于是，她意识到，这就是她自己的声音……她正在收听的节目竟然就是自己几个月前录制的！她只有在把自己的声音当作别人的声音来听的那一刻，才觉得那声音多么可爱动听，而实际上，她的声音并没有被习惯性的内在感知和外部修复之间的差距所干扰。我们恰恰因为日常的亲近与录音的陌生之间存在着这样的罅隙，才不再喜爱自己的声音。

每个人都梦想着拥有一副姣好容颜，但事实上，我们的真实形象却与梦想中的形象不尽相同。这一差距可能使我们对自己的容颜大失所望。但是，由于镜子和照片在生活中比录音更司空见惯，所以我们对自己的相貌更加熟悉。在对声音的认知方面，我们生活在幻想当中。"这声音让我感到失望、偏头痛，让我患上了孤独的失语症。我所听到的声音并不是我所想要的声音，并不是从我大脑深处、喉咙和嘴里大声发出来的声音，这是对我声音的背叛。"——德尼·波达利德斯听到他在《苏格拉底的申辩》[2]中的录音后如是写道。

产生这种失望的原因非常简单，别人的声音从外面传到我们的鼓膜，而我们自己的声音则主要是从"里面"被听到。感觉与听觉混在一起：我们的骨头和体腔开始振动；内部的共鸣主要控制声音在空气中的回响，声音在房间内传播后，我们将其捕获。因此，我们不能在录音上辨认出自己的声音，因为录音只捕获外部振动所产生的声音。我们难以喜欢上的，恰恰就是其他所有人听到的这个陌生的声音，而这声音就是我们真实的声音，令人难以置信的声音。

捂住耳朵，大声朗读这几行文字。此时，我们发现声音更生动、更响亮有力。我们只因身体振动而从里面听见自己的声音。继续说话，突然把捂着耳朵的手松开，感觉便不一样了：振动变缓，声音变得更加清晰。我们所在之处的共鸣与身体内部的声音混合在一起，而身体内部的声音才有主导优势，但我们一直以来并没有意识到这一点。身体的振动更不容易被感知，因为我们的注意力都集中在声音上了。这双重声音是我们所特有的，别人从来不曾听到过。虽然这声音难以言表，却是卓越的沟通工具，我们自己却很少对其予以关注。

也许这是因为我们知道自己能发出声音[3]。当我们胳肢自己时，神经系统会获知：它将感觉到痒，且不必处理这类自动生成的信号。作为施动者，我们无意识地预感到动作的结果，并因此减弱对动作的感知。同样，大脑对自己声音外部听觉反馈的处理也与对别人声音振动的处理不相同，因为别人的声音是外生性振动，所以它是一个非常有趣的信号。

现在，继续大声朗读，把手背拱起呈贝壳状放在耳朵后面，大拇指紧贴在头上，手掌呈凹形，像是要增加耳郭尺寸，这样，就能更好地捕获从周围传来的回声。尽管这种声音总是与内部声音混合在一起，但它更像别人所感知到的声音，如果将其录制下来，会发现它更像我们所听到的声音，它是我们的声音形象，别人对其了如指掌，而我们自己却对其知之甚少。

我建议大家完成一次这样亲密的奇特之旅，在他人与您自己的声音之间闲庭信步，沉浸于振动与感觉、科学与文学的世界。我们的声音是生机勃勃的动物，我们感觉其既习以为常，又原始荒芜，既饱含情感，又迷人性感，我愿邀您聆听、质疑或者驯服这声音。从我们的第一声啼哭到最后一声喘息，我们的声音陪伴着我们，抒发着我们的情感与思想。抱怨、喊叫、交谈、引诱、说服、歌唱……它神秘又美丽，是我们与他人及世界之间音乐般的桥梁，是我们每个人都能演奏的乐器，有着巨大无比的可能性。

声音与图像

"您好，女士，抱歉打扰您，我给您打这个电话，是为了向您推荐……"仅仅几个词，我便知道对方是位女士，应该在五十岁左右，可能来自某个东方国家。我想象她头发花白，面部轮廓瘦长，脸色略显苍白，妆容有点儿浓。也许生病了？或者，只是因为这漫长的一天她都在重复同样的话，所以有些倦怠？她的语调坚定而精准，也许她是个性格内向的人。她的声音将她的方方面面暴露无遗。

有时候，我们仅凭几个词即可不由自主地勾勒出说话者的形象。我们给他设计一张身份卡：婚姻状况、体貌特征、性格特征。我们几乎总能毫不犹豫地猜出其性别。大多数情况下，能猜出其年龄，上下不差五岁。我们不但能猜出其出身，还能猜出其文化水平。当然，其音调和音色、词汇、句法和发音一样，也对判断有着重要影响。声音从来都不是孤立地发出来的，所以我们肯定还会受到背景的影响。

我们在无意识的声音数据库中记录了一些成规定型的声音，制定了一些类别，这些类别根据动物世界模仿而成。在动物世界中，如果鸟的鸣啭与羽毛无关，至少也与身体肥胖程度有关。德国犬的吠叫比吉娃娃的声音低沉有力，豹的咆哮比猫的叫声震撼人心，乌鸦呱呱的叫声超过了麻雀叽叽喳喳的叫声。但人类是更复杂的动物……当我们目睹赫菲斯托斯代替了阿波罗时，便意识到其低沉性感的声音早已令我们心生向往。声音无法触摸，却让人依循着它勾勒出人体形象。当我们见到电话里那个人的脸庞或外形时，又有几次不感到惊奇万分呢？

"只闻其声，不见其人"，根据听到的声音去描述一个人的身体特征，常有谬误，然而，并不是因为这样的描述缺乏趋于事实的表达能力。一项研究[4]表明，在没有相互协商的前提下，女性会为特定的男性声音赋予相同类型的身体特征描述。她们认为，能发出含低谐波声音的男性更具吸引力、更年老、更稳重、更坦率、更强壮，好像还更有可能长着胸毛……除体重外，这些特征描述与实际情况完全不符。

在声音方面，我们偏见颇深。在另一项研究[5]过程中，参与者们需盲听几个声音，并判断说话者是否接受过高等教育。参与者们认为声音健康、发音顺畅的人当中，有百分之五十的人可能接受过高等教育，而发声困难的人占百分之十五（他们声音嘶哑、发音困难）。研究负责人总结说："一个人的声音质量越低，他就越会被认为受到的教育程度低、文化程度低、可靠度低，且没有什么竞争力。"[6] 在此，有必要明确一点：一个人的声音和其受教育水平或能力没有任何联系。任何声音都出自陈规旧习，而我们对此可能不太相信。

我还记得有个三十多岁的人，身材魁梧，肩膀宽阔。那时候，我让十二三个人做发音练习，我们先后练习了洪亮得超乎寻常、低得超乎寻常及高得超乎寻常的声音。其中一个声音突显出来，堪比苏联红军合唱团的低音。房间振动起来。那声音低沉、洪亮、热烈，仅用一个简单的"啊……"音，便令我们心醉神迷。发音练习结束后，我把"巨人"留了下来。刚开始，他用细弱、尖锐、响亮又轻快的声音介绍了自己。我告诉他，我特别欣赏他那不同凡响的低音，也表示对他的这两种不同的声音感到困惑不解。他思考片刻，像突然意识到了什么，尖声回答我说："可是，如果我用那么大的声音说话，会吓到大家！"那么一个大块头的人，却一心想着不大声说话。他觉得自己有着橄榄球运动员的身高，为了不吓到跟他说话的人，便刻意降低音量，不从胸腔发音，而用脱离肉体的半假声说话，这样，声音就有了飘浮的效果，似乎让人放心。他的这种发声行为起初是一种约束，后来就变成了一种习惯。他的声音细弱而温柔，肯定让人放心——养成任何一种习惯都会让人从中受益——但同时也给他造成了损害，只是他没有意识到而已。他没有意识到他的声音形象和身体形象之间并不协调——好像有什么东西要藏着掖着似的。那天，我试图让他明白，他可以重新拥有自己的声音，并挖掘各种可能。

与其他乐器不完全相同的一种乐器

狐狸说:"只有被驯服了的事物,才会被了解。"

小王子问:"怎么办呢?"

狐狸回答:"要有耐心。"[7]

我们拥有决定自己声音潜能的生理特征。传统上,无论是演奏弦乐器还是管乐器,我们的发声器官均分为三部分[8]:第一部分是呼吸器官——肺和呼吸肌;第二部分是振动器官——喉和声带;第三部分是共鸣和发声器官——喉、鼻腔、舌头和嘴唇。

气息带动声带振动,产生声音;声音被共鸣腔和发声腔扩大并修改。这是小号的发声原理:双唇紧闭,气息压力在双唇之间立刻产生声音,接收到声音的金属体立刻变响亮。

由于声音行为在机制方面表现得更久远,而在演奏方面则表现得更为精妙，所以我更喜欢将声音行为比作大提琴演奏者的行为。左手手指弹奏出旋律时，琴弓像气息一样轻抚琴弦，使其振动。声音从大提琴琴体中流淌而出。琴弓被拨得越快，声音越铿锵有力。琴弦越纤细且绷得越紧，声音越尖锐。两把大提琴，由于其制造结构不尽相同、木材质地多种多样、曲线精妙程度不一、清漆构成各有差异，其音色也会有差异——即便相同的音符、相同的音高，也不会有相同的音色。如果将其与中提琴或小提琴弹奏出来的音符相对比，更是如此。这些乐器大小不一，制作材料有别，共鸣腔各异，所以音色和音域也各不相同。大提琴可以演奏小提琴绝对无法演奏出来的低音符。同样，我们的面貌、声带长度、脖颈长度、口形、鼻形……都赋予我们声音不同的振幅和独一无二的特殊音色。

然而，同一把大提琴，在一个业余演奏者手上演奏出来的音色和罗斯特博罗维奇那样专业演奏家演奏出来的音色相比也不相同。我们可以根据自身的身体特征学习弹奏"身体乐器"，以根据自己想表达的意图来调整声音。我们经常认为声音形象是命中注定的东西：几乎只有歌手、演员、记者等专业运用声音的人或者患病的人才关注声音行为。

声音练习和运动相类似，由于这一练习的实践难度属于中等水平，所有人都可以完成，一切取决于我们在此练习上花费的时间和自身的天赋。"对于那些在实施之前就应学会的东西，我们提倡边做边学。"亚里士多德如是说。[9]他还说："建筑师是在建筑过程中成长起来的，齐特拉琴师也是在弹奏齐特拉琴的过程中练成的。"为什么声音工具就要另当别论呢？

就像橙子是橙色的一样

"可是如果这样说话，那就不是我了……我感觉不自在！"一位年轻女性在练习了几次之后发现自己的声音平稳、洪亮且低沉。她个子不高，圆圆的脸蛋看起来很纯朴，很难融入会话。她一度认为自己的声音又尖又柔，就像橙子是橙色的一样。

我们经常因为自身与声音融为一体而很少对声音进行思考。即使我们并不是通过声音来辨认自己，但我们也与自己的声音密不可分。从身体内部而言，我们对自己的声音习以为常。我们用习惯又舒适的动作发声——这些动作既包括放置喉、舌的方式，也包括感受各个发声部位振动的方式。历经多年的感觉、性格、教育、周遭环境、生活世故等多方锤炼，声音就是我们给予世界、让世界听到我们的东西，无论我们给的心甘情愿，还是迫不得已。声音与运动、乐器不同，它是我们身份的隐喻，而任何关于声音的练习都将令其发生变化，反之亦然。

此外，天然声音是什么？是新生儿不加任何修饰的第一声啼哭吗？天然声音只有几分钟的生命。婴儿一旦调整声音，通过不同的哭声来表达饿、不舒服、疼痛时，难道不是已经在对声音进行练习了吗？婴儿在其生命的前几个月，能够听到所有的声音，但这一能力迅速下降，从第六个月起，婴儿便只能听到其母语的声音了。神经元趋于让一两种特权语言参与，让孩子能够发展语言，并且指导其发声，这种调整特定声音的能力完全是后天获得的。我们仅有几个月的时间能够发出"纯洁无瑕"的声音，教育、家庭环境和学校将承担起进一步塑造我们声音的责任。"嘘，别喊！""小点儿声！"那么，除了通过持续的社会化带来创造和改变外，还能通过何种方式设计声音呢？声音是一个长期塑造的结果，该过程错综复杂，且很难令人满意。我们说到木头或葡萄酒时，会用"加工"一词，声音亦如此。它如同我们身体的其他部分，和我们的身份一样，被文化塑造，被生活中的大事小情雕刻，也被时间打造，逐渐成熟。

我爷爷出生于尼姆，在马赛长大。他是著名的新教上流社会成员，接受过一位德国家庭教师极其严格的教育，仅在初中接触过学校教育体系。尽管他总是十分谨慎，但说话的时候还是带着马赛口音。而每当他用马赛口音跟父母打招呼时，他们从来不回应他，就等着他不带任何南方口音发出标准的"妈妈"或"爸爸"二字。他到巴黎上学时，没有人认为他是在外省长大的。

　　布迪厄告诉我们惯习是混合的习惯，是社会的烙印，它使我们选择仅通过动作重复就能深深植根于内心的东西。惯习是人类在其内部为了达到无意识的目的本身而实施的机械行为，因为这种习惯如同声音行为一样深深地被铭记于我们的身体之内，所以它在我们看来自然而然。尽管我们的声音部分地由基因遗传决定，但在家庭环境和社会环境中的浸润和模仿还是对其进行了塑造。有些用法合情合理，有些用法并不合情合理，我们在与他人的互动中总是伴有相互期待。比如，对于一些"郊区青年"来说，什么东西比他们的声音和咬字更自然呢？喉咙变大了，将元音隐藏起来，并发得模糊不清；从口腔深处发音，有点像腹语；将辅音 p、t 和 k 发成擦音（发音时伴有一点送气）；语流迅速；变化较大，且句子最后几个元音用升调，所以发得特别重。在社会口音阶梯的另一端，耳朵听到的是女性声音的夸张变化，这声音与众不同得有些过分，微微张开口，它就会巧妙地发出圆润的元音，并将其拖长，同时还会发出一些十分难发的高音。天然声音几乎不存在，绝大部分声音都是经过有意或无意加工过的。

声音游戏

也许我们每个人都不止有一个，而是有好几个声音……

为了撰写此书，我得安安静静地独处。为此，我在贝勒岛租了一个特别小的房子，住了两个星期。我时常在那鲜花盛开的魅力英伦风格小花园里，把电脑放在李子树下。但是，每当房东穿过玫瑰丛和苹果树时，这恩赐的安静就被他的声音打破了。

当他来到距离我三米远的地方，不得不跟我说"你好"时，他的声音冷漠而急促。

当他带一位客人回到家时，他的声音充满了自负的世俗气，并伴着一阵狂笑："好嘞，我们到了！"

如果客人有孩子，他的声音就变得温柔而憨傻，简直难以辨认："开学后，你去上学吗？"

如果我告诉他床塌了，或者我到家后不得不把所有的碗都重洗一遍，他的声音就会变得尖锐而抓狂，唉声叹气的几乎带着哭腔说："你这么说，不过是想指责我一通而已嘛！"

　　当他看到邻居家小男孩手里拿着手机，骑着自行车在门前转来转去，他的声音充满欢笑、饱含热情且满是慈爱："啊，对！你想要 WiFi 密码……"

　　当他向游客宣布自己将在田里组织戏剧节的计划时，他的声音响亮而低沉，就像在朗诵一样。

　　当他和路过的外国人说话时，他的发声缓慢，元音发得字正腔圆、矫揉造作，音调拉长。

　　他的种种声音破坏了我这一小角伊甸园，但也恰好给了我很多灵感，而他对此却一无所知。

　　声音与我们的生理状况和心理状况密切相关，与我们的说话对象密切相关，也与我们的处境密切相关。我们不停地装扮声音，与此相悖，它却依然是我们自己本来的声音。"马修的声音非常热情，又带点儿鼻音，这是他专门跟奥黛特说话时用的声音。"[10] 不同时刻用的声音：早上的声音或晚上的声音、疲惫时的声音或饮酒过度后头痛时的声音……表达各种情绪时用的声音：愠怒或快乐时的声音、兴奋或沮丧时的声音……在社会上与人打交道时的声音：跟商人谈判时的声音、和朋友相处时的声音、与同事沟通时的声音、向上级汇报时的声音……与亲密的人在一起时用的声音：跟父母用的声音、跟孩子用的声音、跟爱人用的声音、跟恋人用的声音、争吵时用的声音……为什么不更自觉地运用这笔财富呢?!

肉体与感觉

　　探讨声音，写了几页文字后，我意识到我还没有给声音下定义……好像概念显而易见，好像每个人都为这个词下了一个共同的定义，而如果不简化这定义，就无法对其进行阐述。"声音"一词，既指一个声音，也指多个声音；既清晰明了，又晦涩难懂。

　　如果像在学校那样，从字典里找定义，那么第一个语义是"人类喉咙发出的所有声音"。于这个意义上，声音在最原始阶段、在人类含糊不清的兽性状态下就已经存在：呻吟、呼噜、喊叫、哭泣。亚里士多德认为四足哺乳动物生来就有声音，将声音定义为与话语或论说相对。"声音是痛苦与愉快的标记，所以动物会发出声音；实际上，动物已经能够体验痛苦和愉快，并相互表达这些感受。"[11] 亚里士多德将声音限定为承载着情感意愿的含糊不清的声音和即兴演奏的音乐。

然而，如何将声音与言语分开呢？在表达"有用和有害、正确与不正确"[12]方面，言语是人的本性。没有音乐的言语会是什么样呢？我更喜欢普鲁塔克的定义："纯粹意义上的声音是一种含糊不清的声音，表达着灵魂的思想。"[13]在柏拉图和一神教的派系中，声音更具诗意，也更精确。用一句优雅的话来说，声音将音乐、字词和感情结合在一起，将属于人类的东西归还给人类。事实上，一个简单的"嗯"字，在言语方面，就已经可以包含除了纯粹情感之外的众多意义了，比如判断。所以，动物有嗓子，而我们则有声音。我们将声音紧密地联系到其所含有的字词上，将音乐与意义融合在一起，也使二者混合在一起。音色、变调、语调、节奏，以及发音、重音都杂糅进声调中，而它们就是这声调的载体。

各种各样的犹太传说也将声音作为人类特征。其中一个传说讲述了一个男人如何敢于塑造出一个名为"魔像"的创造物。"魔像"一词在希伯来语中意为未成形或未完成的物质。魔像是《妥拉》（诗篇139）中提到的内容，指上帝用一块黏土捏成的创造物，上帝将其塑造成形后，又为其注入了灵魂。在古犹太法庭[14]里，巴比伦人拉瓦向拉比泽拉展示了他的魔像，于是拉比泽拉审问创造物，而创造物没有回答他。创造物没有声音。于是，拉比泽拉毫不犹豫地命令魔像回到他所出身的尘土中。没有声音，也就没有人性。

这把我们带到语义的另一端，与亚里士多德的定义相去甚远，与动物也相去甚远。在这里，声音变成了构成人类自身之物的隐喻：文字、思想。更有甚者，声音脱离了肉体，标志性地代表了一种观点、一个决议、一个赞成或否定、一种权利。比如用"发声"来表示有发言权，用"良心的声音"来表示良心发现。人民让其声音被听见。其实，声音归根结底苍白无力，在文体风格方面干枯无趣。如果一个作家消失了，通常不都是说"一个伟大的声音离我们而去了"吗？所以，它就是人类沉默的语言。

声音的意义就这样从最具体衰退成最虚幻，从最兽性衰退成最人性，衰退成一个矩阵结构的纵横交叉。该矩阵结构的横坐标上有器官、声音振动、喊叫、歌唱；纵坐标上有话语、意义、个性、意识。我们就在这些轴线上冲浪聊天，对它们评头论足，横坐标也好，纵坐标也罢，我们永远不会忘记任何一个，我们将声音视作声音与思想、音乐与文字、肉体与感觉、野兽与神灵，不可分离，经久不衰。

我们身上的兽性

我大女儿的第一声啼哭,第一个气息,曾令我大吃一惊。帮我接生的医生,胡子刮得乱七八糟,言谈举止也粗鲁不堪,半夜了还站在那儿,一直在给我提自相矛盾的建议:一会儿让我朝这儿压,一会又让我向那儿推。幸亏他突然叹了口气,用粗鲁的动作示意助产士走开,命令她:"让女士自己生!"我使了三次劲,孩子就生出来了。时间刚刚好。小萨拉由于卡在产道里,这时已经缺氧了。她的脸有些浅紫色,又有些灰绿色;她更像只两栖动物,而不像人。这些奇怪的颜色在漫长的胜利叫喊声中慢慢变淡了。气息变成了声音,声音变成了生命。

为什么当一个生命诞生后,空气第一次进入婴儿的小肺泡时,第一次呼气是有声的?只有这小小的人类才在声音中开始生命历程。从古代到网络博客,关于第一声啼哭的意义的思辨一直奔逸绝尘。老普林尼认为，由于人在喊叫声中开始了生命，所以人是所有动物中被诅咒的动物。卢克莱修设想，孩子在这注定充满不公正疾苦的可悲世界场景面前，发出抗议，并大声吼出其愤怒。"瓜熟蒂落，大自然好不容易将其从母亲肚子里拽出来，他却带着凄凉的哀怨来到这世界，哭声响彻人间，仿佛生活为他留存了那么多要经受的苦难。"[15]康德在人的第一声啼哭中听出，乳儿因其自由遭到束缚而发出抗议的怒吼，那也是他在这现实面前深深的无力感的表现……无论什么原因，声带闭合，呼气本来应该安安静静的，但声音出现了。那是第一个气息，第一个声音。

得在黄昏时分抱着一个新生儿，才能说服自己承认：我们都曾经在某一天成了粗俗声音的冠军。我还记得我二女儿伊利斯是凭着怎样坚定的声音本能，整晚大喊大叫、永不疲倦。伊利斯只有 50 厘米长，体重将近 4 千克，在那儿扭来扭去，发出二三声预防性的尖叫声，绷紧肌肉，浑身涨得通红，尖锐的声音毫不留情地回荡在整个房间，就这样折腾了很长时间。然后，谢天谢地，是一秒钟的寂静。时间仿佛凝固了，世间万物都不动了，空气被俘虏了，压缩进肺里。寂静由于等待而变得沉重无比……随后，生命再度回归，随之而来的，是将寂静撕扯得支离破碎的大喊大叫。

现在我们来靠近一个哭泣的婴儿，耳朵离远点儿，小不点儿的哭喊声能对我们的鼓膜造成巨大损害。我们把手放在小不点儿肚子上，这真是最美妙的有声呼吸课程。他的动作本能棒极了！腹肌和横膈膜正进行足够的必要运动，以将空气置于声带压力之下，没有毫无用处的肌肉紧张，没有令人疲倦的束缚。发出一声哭喊时，他腹部收回，慢慢变得柔韧而有活力。当默默吸气时，我们能明显感觉到他的横膈膜在手下反弹回来，这时需要空气。因此，喊叫可以持续很长时间，经久不衰……

良好的发声反射与生俱来。如果一个乳儿因为发声而疲惫，那么他可能患有胃畸形或胃食管返流。酸液能够使声带发炎，并导致慢性喉炎甚至息肉，即阻挡声带正确接合的良性小赘疣。身体健康的婴儿将其发音器官运用得那么好，用几根 2 毫米的细小声带和特别小的肺活量，就能发出约 100 分贝（dB）的声音；相比之下，一辆地铁"只"能发出 90 分贝的声音，而一台吸尘器只能发出 75 分贝的声音！

再喊一声。也许必须单独一个人才敢玩这个游戏。您马上试一下：呻吟几声，哼哼几声。呻吟声自肺腑而来，穿过胸并使其颤动。"mmMM……"，"aaaAAH……"请注意，不用把声音向外推，不用声带发出任何声音。只有一个动作需要明确：任由身体振动。随后，声音在房间里传播开来。

为了喊叫或大声说话而犯的第一个错误是将全部力量都集中在喉咙上。正确的做法是：发声时，脖子既不能向上伸，也不能向前提，站直。喉咙所受束缚越少，声带就越自由，越能有效地发出声音。

第二个错误是想"规划"声音。然而，经常有人犯这个错误，尤其是演员们。根据我的经验，对于那些尚未掌握良好发声动作的人而言，这是非常危险的事情。这使人对声音产生错误的认知，通常会导致发音器官变形及肌肉协调性差，就好像身体转向目标，却为了达到预期效果而扭曲。要知道其他任何器官都不会为了发出更多声音而变形。为了弹出一段乐曲，钢琴或大提琴的木头、螺丝，都保持得非常稳固，甚至可以说"牢固"。声音是一种驻波[16]，而不是一个物品或一个人试着扔出尽可能远的球。即便我们想扔球，也会对身体和胳膊的动作进行研究；而既不是对球本身，也不是对其运行轨迹进行研究。告诉某人进一步规划其声音等于告诉他把球扔得再远一点，却不明确告诉他哪些动作有助于把球扔得更远。

需要注意，您的颌、舌头和颈部肌肉没有过度拉伸，绷紧腹肌，让"Aaaahhh"音在胸中振动。喊叫像运动一样需要调动全身参与。激活腹肌，可以增加空气压力。同时，让喉咙一直保持放松，力图找到声音内部轻微压力的预先感受。

可以用尽浑身力气向特别细的吸管里吹气，或者咬紧下唇，迅速排空所有空气，感受这种内部压力；也可以吸入空气，做出要发"K"音的姿势，但最后并不发出这个音，就好像不想发出这个音。继续在压力下屏气。

对这个"K"音实施阻力后，继续给予腹部同样轻微的支持，连续发出长长的"Ah"音。把自己想象成一个腹语者，在胸部、喉咙、鼻腔里发出"Ah"音并令其回响，让身体不停振动。尤其不要人为张大喉咙，因为这样发出的声音会非常生硬：声带难以闭合，迅速疲劳，假装放大的声音不再像我们自己的声音。同样，为了更大声说话，我们还得调动腹肌，维持呼气，并放松喉咙，同时令身体振动。注意：如果用更大压力和能量，就无法本能地用更高的声音叫喊或说话。声音要强壮有力，但要低沉庄重！将它想象成放射源，而不是导弹发射器。

叫喊、笑与叹息

　　无论是痛苦还是恐惧、诧异还是欢喜，叫喊总是力量的浓缩，有时甚至令人害怕。我们来听一听新西兰国家橄榄球队队员们跳起哈卡舞时嘶哑的喘气声。气息令他们的脸颊高高胀起，舌头伸到外面，样子可憎，所有人一起发出喉音，却好像只有一个人在发声。在体育场上，一群人用唯一的声音疯狂叫喊。观众的喧哗声无边无际，天空在这喧哗声中阴暗下来，仿佛蝗虫飞过时发出毁灭性的嗡嗡声。个性在共同的叫喊声里消失殆尽，人的兽性尽显无遗，话语消失时，声音便具备了集体性、普遍性的特点。共振被放大了，喉咙毫不费力地将其不成形的声音倾倒进空中。发声自由的终极体验也许就存在于个人音色和发音的被淡化过程中……

　　幸运的是，声音是没有话语的纯粹之音，比如笑声，那么个性十足，那么充满活力。张大喉咙，完成一系列断断续续的呼气，还多少都有点嘈杂。我记得一个童年伙伴的笑声，如银铃一般，总让我们立刻微笑起来；还有一个叔叔的笑声，他像个食人妖一样，他的笑声总令我们瑟瑟发抖。有些人咯咯地笑，有些人哽咽着笑，某些笑声让我想起冰冷的话语，那些话语"看起来像是精心制作的糖衣果仁，五颜六色[17]"。糖衣果仁在手里受热后融化了，让僵化的声音重新充满活力。然而，从糖衣果仁中发出来的并不是笑声，而是历史上战场的喊声和嘶叫声："欣、欣、欣、欣、希斯、提克、托士、洛尼、布勒德丹、布勒德达、弗儿、弗儿、弗儿、布、布、布、布、布、布、布、布、特拉克、特拉克、特儿、特儿、特儿、特儿、特儿、翁、翁、翁、翁、乌翁、哥特、马格特等等，以及其他奇怪的声音。"[18]笑声也如爆炸。五颜六色的气泡相互碰撞，随即消失在空中，发出华丽的声音，实在出人意料。笑声可以传染，当我们开怀大笑时，叫喊声、笑声杂糅在声音的沸腾中。气泡彼此靠近，相互杂糅，又相互融合，节奏统一，步调一致。哈！哈！哈！仿佛在向世界敞开胸怀，拥抱天空，向着天空的方向振翅翱翔。当齐力发出的喊声逐渐升高、四下扩散时，一个巨大的能量组合向世人昭示着谁将奔涌而来，势不可挡，席卷世界。

笑是一个永远未知的体验。人如果笑得真诚，就难以抑制。我们不再倾听笑声，却分明能感觉到它犹如咆哮的瀑布，倾泻而下；又仿佛是心灵的按摩，那感觉和意愿甚至会令听觉悄然后退。笑声是最大的声音奥秘，它与恐惧的叫喊和欢乐的呐喊一起，构成了声音最本能的表达。

当声音与语言同在时，它能说出用语言难以表达的东西，也会变成充满爱意的低声呻吟和令人痛苦的嘶哑喘息。声音的振动让位于轻微发声的喘气，气息是声音中最内在的东西。我依然记得我爷爷在医院病榻上的样子：被单被托被架撑起来，看上去怪怪的，由于放了托被架，爷爷的轮廓看起来像个假人似的。爷爷那时 86 岁，精神矍铄，却被突如其来的肺炎打倒，昏迷不醒，靠人工呼吸维持生命。床单下面那个大的隆起，就是人工补充吸气和呼气的机器。我在爷爷床边坐了一会儿，知道那是与他在一起的最后时刻。如今，我不再知道他当时是否能够感知到虚假的生命运动；我想应该不能吧，因为他身上的衣服似乎一动不动。在我脑海中打下深深烙印的，是沉默，是那样苍白的沉默，与重症监护室的房间一样，朴实无华又光芒四射。我爷爷悄无声息地走了，离开了。别人在生命的最后会断断续续地呼出气息，那气息会变成微弱的声音振动，我爷爷却没有发出最后一声叹息，而那叹息是声音的灵魂。

音与词的结合

声音与亚里士多德所说的叫喊、笑声有所不同，它变成了发音清晰的语言，与此同时，它赋予文本以主体。声音是文本的主要内容，使文本发生改变，并使其具有重要意义，这一意义之前潜伏于纸上。声音为这墨水骨架装上肉，使其凸显出来，并赋予其生命，声音只需在某个词上略微加重一点，即可颠覆整句话的意思。

我没说你昨天大喊大叫了……是别人说的……

我**没**说你昨天大喊大叫了……就这一点，仅此而已。

我没**说**你昨天大喊大叫了……我只是提了一句，认为……

我没说**你**昨天大喊大叫了……我确实说有人喊了，但不是你……

我没说你**昨天**大喊大叫了……是另外一天吧？

我没说你昨天**大喊大叫**了……只是提高音量而已？

我没说你昨天大喊大叫**了**……你怎么了？这里涉及的是语法问题。

这些变化因为声调各不相同而得到进一步加强：疑问、肯定、感叹、犹豫——并由于我们怀着各种各样的感情而得到更多的塑造。我们的感情有时能使意义发生彻底改变，从而使得演讲与众不同，有时富有细节差异，有时激昂振奋，有时沉着安静。声音可以是欢乐的、嘲讽的、令人心安的、充满猜忌的、诚恳请求的、毫不在乎的、冷漠无情的……声音的效果、色彩、音调、音色（有的沙哑，有的圆润，有的清脆）、强度（窃窃私语或大喊大叫）等为信息增加了一层意义。声音具有无穷无尽的可能性。因此，声学与音乐协调研究所[19]发明了一款软件，该软件就"你好"一词，能发出七万种声音变化，所有声音各不相同，且每种声音都十分真实！[20]此外，让－雅克·卢梭还盛赞口语高于书面语。文字虽然更精确，使词语具有普通词义，而口语却"通过声音改变词义"[21]。口语赋予字词表达力，并根据实际情况在陈述时使句子具有特殊含义。对于卢梭而言，口语具有书面语所不具备的特性。

我爷爷没有马赛口音，但他夸张地保留着他童年所在城市令人生厌的习性。他经常故意夸张地提高声音，目的是向我们预言糟糕的灾难。每年夏天，我们都会在他位于上卢瓦尔河的家里定期表演枯燥死板的小喜剧。我们每天都上演真正的《男人的野心》。他拿着为表演喜剧而专门标了刻度的长棍，测量井底尚存的水。回来时他极其沮丧地坐下来，用他那双满是皱纹的大手指着一小块空地，用深沉的声音对我们说："井水就要干涸了，除了现存的这点水，再也没有了……"他的声音那么富有戏剧性，那么坚决果断，以至于我们都相互交换着焦虑不安的眼神。我们对他所说的话深信不疑，那么坚定地相信着，可是，许多年过去了，井水却从来没干过。我爷爷如果不拿井说事，就会以即将变得艰苦卓绝的月末和即将到来的事故为例教育我们……我奶奶和我们则极力让他安心，告诉他不要过于悲观。但他的声音深沉、优美又悲惨，以海啸般的巨大威力占据绝对优势。在他生命的最后时刻，他坦诚地告诉我，由于他带着尖腔的法语，从来没有人明白，他是一个地道的马赛人（他说得很夸张，或者，用他自己的话说，他对特征进行了美化和夸张）；也没有人明白，如果他有口音，无论对他自己还是对我们而言，都应该会更容易感受得到！南方口音本应使他失去了卡珊德拉的威信。有时候，陈述中一件微不足道的事物会改变一切。

研究表明，声音和主体的影响极大地替代了语言的影响。我们要记住：相对于文本而言，声音占有极大优势，声音的威力远远超过字词的威力。这绝不是说字词不重要（教练就经常在沟通中发出威慑性的错误阐释），但是，如果声调变化、动作和模仿能让人理解到句子本身之外的另一层意思，那么声调变化、动作和模仿便更胜一筹。在口语中，我们谈论内容和意义时，说出去的话覆水难收：这一事实也可以对上述观点做出解释。这是口语相对于书面语而言的丰富、优越或薄弱之处；声音赋予字词丰富的意义，虽然那些意义并不系统。声音构成了笼罩着字词的一笼温情轻纱，一旦没有了这轻纱，我们会感到万分惊讶。透过这笼轻纱，我们才隐约窥见器具的绚丽多彩。

约瑟夫·乔瓦内克的声音[22]因为不做任何调整而缺乏韵律。他的音色略显低哑，还有点尖，表达时断时续，总是用相似的节奏和语调，仿佛有人在踮着脚尖疾走。他的语速与合成声音的语速相似。如果心不在焉地听，这种线性语流完全没有效果，当他说那些罕见的高深莫测的话时，会让人觉得空洞无物。他是个哲学博士，当他与人分享和有自我中心主义的人相处的体验（他反对使用"自闭症患者"，因为该词将个人与其特征相提并论）时，所表现出的淳朴爽直简直令人感到狼狈。他说：对于大多数自闭症患者而言，句末的不同声音变化没有任何意义，而另外一些自闭症患者则能够根据那些变化立即区分出肯定、感叹或命令，也能将问题与回应区别开来。他所听到的众多声音既不能体现、也不能向他传达任何感情；在镜子中，他自己的声音丝毫不能暴露其内心的错综复杂。说实话，除了有时候他在讲述幽默片段时会露出一个无声的笑，他的韵律中流露不出任何内心深处的东西。他张大喉咙，而正因为如此，他的音色变了质，就是这变了质的音色让我们在他的声音中听到笑意，那笑声不同寻常，但不管怎样，我们都能够分辨得出。

约瑟夫·乔瓦内克打电话时，不得不学着说一些拟声词来使电话另一端的人明白他在认真听。每隔15秒，他的表就提示他该发出声音回执了，但这根本不是本能反应。比如，当他在对话中系统地插入"嗯，嗯！""啊！""好！""同意！""哇哦……"这些词时，他的声音会出现一些小变化，而他在自己的演说过程中通常都没有这些变化。音节拖长，音调像唱歌一样，本来低沉的声音变得非常尖锐，而尖锐的声音变得非常低沉。这些小变化突然间具有了我们熟悉不过的音色。然而，对他而言，那纯粹是在模仿别人的声音。

我们都有一部音阶丰富的乐器，音阶无穷无尽的变化映射着我们的内心世界。如果在我们看来，声音映照着灵魂是稀松平常的事，那真是无比美好。在变化中，我们甚至在没有字词的情况下也能够辨认出情感状态。新生儿已经能够做到这一点。

恐惧使语速加快，声音攀升、变高，并带有幅度和音量的巨大变化。声音的传播并不规律，且响亮（音色醇厚）与嘶哑（声音苍白无力）交替出现。愤怒则会使声音陡然变得更高更响，节奏加快，且发音紧张，骤然加重某些音节。忧伤情绪表现出来的特征是发音慢。人在忧伤时，声音更低沉，声调下降，发音放松。相反，人在快乐时，说话速度快，声音尖锐有力，有爆发力，语调上升，逐渐加强。我们自出生起，无须看见说话的人，也无须认识他，无须任何话语环境，甚至无须任何字词，就能够分辨其声音中的这些情感状态。然而，我们从未体验过纯粹的感情，各种感情杂糅在一起，声音周旋其间，将一种感情运用于另一感情之中，于是，其自身就披上了各种感情相互混杂的色彩。卢梭这样写道："热情让所有器官表达思想，并用它们所有的光芒装点声音。"[23]

职业的声音

在我们身边，随处可以听到抑扬顿挫的声调，音调变化也变成了老生常谈，但有时候并不为人所察觉。我们周围也随时可以听到彼此相似的韵律。自从音与字结合后，声音的发展便僵滞不动了，并采用了职业的语调。

新闻记者的声音，有的低沉，有的尖锐，有的阳刚，有的阴柔，甚至从前三个音符起，我们即可判断出这是一个新闻从业人员的声音。其喘息、快得毫无节制的节奏以及急促的声调，总是如出一辙：试图传达事件的重要性和其中立态度，但却能让人听出专栏编辑为了证明其个人能力而着重表达的意愿。声音不再是语言的媒介，而是某种功能的标记，是其主人的显影剂。声音更重要的功能是彰显说话者的角色，相比之下，其包含某种意图的功能则较少。

声音的其他旋律提示我们其介入的性质。在一幅幅图像背后，旁白似乎自最早出现音调变化时就想警告我们："注意，这是篇报道。"其松垮的节奏表明，相关人员为此付出了辛勤的劳动，以使得评论与拉长的画面节奏相符，句子的各个部分以相同方式相继表达出来。在肯定与疑问的混合结构中，语调向上攀升，既想表达出严肃认真的态度，又能呈现出新发现。报道结束前，旋律不间断地重复，如同学习朗读的孩子努力在文本做出提示的地方降低语调，却忘记了课文仍在继续。然后，相同的声音又在下一个句子处再次响起……

我们还能识别广告声音中略带矫揉造作的声调。广告声音仿佛被与听众达成的默契所推动，歪曲了其所传达的感情。它们似乎在告诉我们："不要完全相信我……"同样，译制片或电视剧中声调的轻微变化也能立即被辨认出来。使韵律与广告画面相契合，是个颇为棘手的挑战。嘴唇嚅动与原语言相对应，要求译制者完美地跟上其速度和错综复杂的变化。单调的旋律发出不真实的声音，几乎难以察觉。

其他声音虽然没有这么中规中矩，对我们而言却非常熟悉。例如虚构的兔子杰西卡——这个女性的声音就如此。她的声音低沉、温柔又沙哑，还夹带着气息，甜蜜的窃窃私语里透着十足的性感。她的音调完全呈曲线变化，随着她丰满的身体来回扭动，拖长时淫荡风骚，支吾时虚情假意，音调圆润中带着喘息，流露出对亲密关系的承诺。

小学老师的声音里满是训诫的语气，而且过于尖锐。音色刺耳，对陈述句加以强调，似乎还神奇地夹杂使用了暗含威胁语气的省略号。小学老师的声音有时还萦绕在用粉笔于黑板上写字时那令人难以忍受的调子里。

政客的声音饱满、稳重，让人感觉可靠且可信。他人为地将节奏调整得精确而缓慢，试图凸显其庄重和深刻。政客的声音将强调和共情的语气混合在一个魔幻的圈子内，尽管圈子的内幕人尽皆知，但还是成功地达到了预期效果。

空姐的声音那么温柔，那么文明，当她将物品放在托盘上时，语调也随之变化，而她的声音在音调变化的背后消失殆尽。

声音不再是朝向内心的窗口，而是向社会角色开放，它无须任何图像，却体现着地位和表露着人物。它代替了白色工作服、西装、套裙、围裙或领带，声音通常真实地体现着说话人的身份。

当声音对文本进行版面设计的时候

老师说："二加二等于四，

四加四等于八，

八加八等于十六……

重复一遍！"[24]

　　一位科学专栏编辑在电台每周播出一次他的研究。自从第一次收听他的节目，我就喜欢上了他那深沉、热烈而嘶哑的音色。我如痴如醉地收听了两年。除了对其将科学、心理学和哲学诗意地联系在一起的艺术疯狂迷恋外，我还对他的声音心醉神迷。我喜欢那声音传达给我的深刻智慧，喜欢它让我徜徉于宁静安详的感觉。那声音似乎用几近窃窃私语的低诉，将一个秘密透露给我，而且只透露给我一个人。它温柔轻拂，将我带到壁炉暖火的角落；夜晚，又将我带进偏僻的乡村小屋里那间门窗严实、装满书刊的书房。它让我露出知性儒雅的微笑，也让我感受着性感十足的温暖。

后来，我厌倦了，仿佛吃了太甜的糖浆，感到恶心。他的声音先是吸引了我，随后又让我力屈气馁。他朗读的节奏没有丝毫变化，就像开着飞机的飞行员，只是在用嘴仓促吸气时才中断一下。他的嘴紧紧贴在麦克风上，在他播报长篇大论的过程中，寻找着流逝的空气，语调没有任何变化，相同的音符相继发出，不停重复。"讲述者"所选择的语调在我的耳朵里变成了单调无趣的音乐，遮蔽了文本所蕴含的智慧，令我觉得它十分难听。

我们对一种声音所怀有的感情带有纯粹的主观色彩，并会随着时间的流逝而发生变化。然而，令我震惊的是，发音的单调乏味竟然能令文章黯然失色到如此程度。前所未有的鲜明突出和出人意料的粗暴生硬骗取了听觉，俘获了注意力。无论讲话过程中搭配了什么样的音乐，舒缓也好，躁动也罢，线性也好，锯齿形也罢，当提纲一遍又一遍重复播放，变得有条不紊时，耳朵便放松下来，精神也随之逃脱。我们的思想漂泊游荡，体现着内心深处的声音空间，讲述者的字词也仅仅是一个背景噪声罢了。

书面上，我们花了不可计数的时间将文档整理到一起。我们知道，一份没有版面设计的文档只能吸引几个人的注意，只有发烧友才会拿出放大镜来读一篇字小得不得了的文章。

口头上是什么情况呢？我们用多长时间做版面设计？也就是说，用多长时间处理我们的声音？少之又少。我们只能根据当时的心情朗读文章，而且在公众场合，还会把文章读得一塌糊涂，或者因为紧张而读得十分难听。在那些感受粉笔和黑板的岁月里，背诵的声音似乎将我们与声音牢牢地粘贴在了一起。

声调和节奏在口头上的变化与书面文章的图形空间构成对应。由于纸张上的版面设计对标题、段落、重要文字表达一一做出了说明，从而使文章结构一目了然，而通过做声音游戏也可以听见思想结构。

音色相当于字体的角色，发音则相当于书法精雕细刻的角色，休止时听众可以听到词、行及段之间的间隙。加重和声调变化相当于给关键思想加粗或用斜体表示。力量的色调变化——从嘈杂喧闹到窃窃私语——类似于各种字号，情感类似于其字体或颜色。如今，收听那个科学专栏编辑的节目，我感觉他在读六号字体的几只苍蝇脚，既没有页边距，也从不另起一段。

小学老师们总是跟我们反复唠叨："注意语调！"在朗读中，语调是如此为人熟知，它是声音的神秘财富，而即兴朗读时，却从来都不能那么正确地发出声音来……瓦雷里也声明反对大声朗读，因为大声朗读在意义和声音的潜力中做出甄选，用声音确定意义。而一旦选择，便无法挽回。陈述的短暂有效性可能会令文本受损。"我觉得人类的声音触动内心，如此美丽，我认为那声音是在最靠近它源头的地方捕获到的，所以职业朗诵者的朗读总是让我感觉难以忍受，因为当他们无视或篡改一篇文章的意图、破坏其整体和谐时，当他们用高昂的情绪代替组合词所固有的优美时，他们只是想突出表演的价值。"[25]
马拉美"用低沉、均匀，完全没有'效果处理'，几乎就是他
最本真的声音"将自己的诗歌《骰子一掷改变不了偶然》手稿
读给瓦雷里后，瓦雷里写下了上述文字。瓦雷里低估了这内在
声音的影响，这声音哪怕微乎其微，但它为文本赋予了生命。
那是一个他所喜爱的男性声音，在他的众多手稿中间，在古老
的帷幔后面，喃喃而语，声音中溢满了房间隐秘之处的神秘气
氛。那悄声低语已经不再是马拉美本人所鼓吹的精神之声，那
声音悄然而笔直，也是振动、是音调、是阐释。高声朗读的文
章永远不是中立的，任何声音都将其声音的和谐叠加到"预先
存在的精神旋律"[26]之上，于是，二者结合并相互融合，充满
了希望。只有自发的话语，才能在"'灵魂的不同部分'复杂
而短暂的统一中"[27]同时构思声音和文本。

书面上，版面设计各有差异，我们可以不紧不慢地花时
间做。口头上，题材和手法即时密切关联，内容与声音同步产
生。除非是死记硬背并重复的文章（但这种情况极为罕见），
我们应该在字词进入头脑时出声地将其编辑出来。并非只是简
单地想到一个词或者一句话，而是几乎在想到的同时即将其表
述出来。我们仅有一点点微不足道的时间可用来考虑是否应该
将这个词比上一个词读得更重，话语间顿挫是否运用得当，或
者重要动词是否得到了足够的强调。我们应该一边思考，一边
进行棘手的训练，这训练依赖于我们想法的清楚明晰，依赖于
我们对情感的控制，也依赖于我们对声音这个乐器的精通。

我们的幸运之处在于，不需要进行任何练习或练声，就能

够发挥声音的无限可能，能够使口头的版面设计变化多样，能够不需咬文嚼字，却可以选择咬文嚼字。日常生活中每个说话的瞬间均是侧耳细听我们自身变化、尝试做出改变的机会。向陌生人的一声问候，咖啡机前的一次交流，睡前为孩子讲故事，阅读本书的过程中回答打断您思路的某个问题……我们有同样多的机会尝试不同声音、音高、节奏，也有同样多的机会变化、变化、变化、再变化。

公元前一世纪，罗马律师和执政官西塞罗也是一位杰出的演说家，他撰写了大量修辞学著作。西塞罗说："创造（即演讲的研究和构建）之后，就是行动（即讲述者讲述其文章的生动时刻），此时，变化至关重要。"他强调声音与文本错综复杂的绝对必要性。只有加工才能让人控制其声音效果。"当然，我们都希望有一副好声音，但这并不由我们决定。训练并发展好声音才由我们决定。"[28] 他试图向布鲁图斯描述理想演说家的样子，拒绝使用适合于演讲起伏的声音变化。有一个练习很有趣，即大声朗读以下节选内容，并同时读出所描述的细微差别和变化。我建议您试着做做这个练习。

朗读庄严的片段时，声音应饱满，尽可能平静、稳重，同时避免使演说的朗诵变成悲伤的朗诵。

朗读论证部分时，将声音略微降低，增加间隔和休止，以令人感觉是发音方式本身将证据带入听众的脑海，并将其加以分类。

朗读叙述内容时，要求声调变化多样，仿佛再现每个事件的性质。陈述已解决完毕的事件时要快捷迅速，而陈述做得漫不经心的事件时则要舒展缓慢。

演讲过程中，发音要体现出其所有变化，从尖刻过渡到和蔼，从悲伤过渡到快乐。

如果叙述内容中有引言、提问、回答、欢呼，应完全致力于表达每个人物的感情和情绪。

朗读玩笑内容时，应使用愉快颤抖的声音，带着些许滑稽可笑的意图，但又不能表现出对滑稽的怀疑；从严肃的语调过渡到真诚的打趣过程中，还应时刻注意机灵敏捷。

我们已经说过，讨论时应使用持续或分隔开的语气。

使用持续的语气时，音量要稍大一些，且间断不能多于话语本身；雷厉风行地说出字词，以使得语速跟上引人入胜的演讲思路。

使用分隔开的语气时，从胸腔深处发出最具穿透力的感叹，同时让每一个休止与每一个感叹的时长相当。

提高声音时，如果要激励人心，应使用非常柔软、温和的声音，音色均匀，语调富于变化，且迅速敏捷。

抱怨时，声音降低，声音变弱；话语常常被打断，断断续续的时间很长，会突然间从一个音调变成另外一个音调。[29]

西塞罗曾经这样写道："声音所包含的变化与情感变化一样多，也恰恰是声音唤醒了情感。"[30] 自西塞罗提出此种观点后，没有人提出异议。我们的声音总是给予文本太多感觉，维克多·雨果的名言可以应用于声音："形式和本质如同肉和血一样密不可分。"[31]

声带理论

　　我的第二位声乐老师是一位成熟女性，她身材高挑，声音纯美、动人心弦，丝巾飘荡在胸前，考究地彰显着笼罩在她周围的神秘感。据说她的事业因爱情戛然而止。唉！她的声音技巧理念和教学法都十分神秘，令人费解。她的课沉浸在香气之中，给出的建议也都晦涩难懂："想象一下，蓝色染料在您的鼻孔里流淌……"我狂热地迷恋了她几年，并不幸获得了一些十分微妙却也难以根除的技术缺陷（任何初级演唱者都崇拜其老师，所以江湖骗子数不胜数）。在那之后，我非常幸运地师从几位讲课不那么晦涩难懂的老师。为了理解我的乐器生理学构造，我沉浸于科学图书中埋头苦读，终于明白了声音是如何产生的。

　　该乐器是我们声音的起源，其特殊性在于它本质上并不存在。它向身体的各个部分借力，调动对发音具有主要及优先功能的各个器官。发音器官不是一个独立的器官，而是一个功能单位。发音动作是人体内部的复杂动作，调动从会阴到嘴唇的将近六十块肌肉，同时受到身体整体姿势及其运动的影响。这一点可以对我们难以感受到发音动作并对其加以控制这一现象给出部分解释。

声带是我们声音的来源。没有声带，就不能发出声音。大部分人，可能从来就没靠近过钢琴，也从来没用钢琴弹过任何一个音符，但当有人让他们画钢琴时，他们可以画出钢琴的黑色键和白色键。然而，谁会描绘声带呢？

除了病理学特例外，我们每个人都拥有两片声带，我们也都会调动声带。然而，声带对我们来说一直是个非常陌生的东西，或者确切地说，是个非常小的陌生事物，因为成年人的声带平均只有约 20 毫米长（女性声带长度在 14 至 20 毫米之间，男性声带长度在 18 至 25 毫米之间）。[32] 声带既不垂直生长，也不像竖琴琴弦那样数量繁多。实际上，声带是褶皱，而不是弦。

从剖面图上看，声带形成了两个凸起的褶皱，是覆盖着中层和黏膜的两块肌肉。从上方看，声带就像两个小珍珠腱，水平放置在喉部这个连接气管的软骨器官内（气管是确保空气流向肺部的管道）。声带的首要功能是括约肌功能，它们就像嘴的两片唇，在吞咽时靠拢，以防止液体和食物进入气管和肺部。声带在会厌的协助下，使我们不窒息。会厌是一种软骨性阀门，当吞咽唾液或食物时，会厌覆盖声带，关闭喉，以确保更加安全。

将食指和拇指轻轻放在您脖子前方可以感觉到的喉咙两侧。做吞咽动作，感觉喉的运动。这时候，喉重新上升，防止食物进入呼吸道。于是声带关闭。

相反，我们呼吸时，声带打开，声带在令其旋转的一组小软骨下面，前部连接在一起，后部分开。这样，它们之间形成的空间呈小三角形，这被称之为"声门"（不，声门不是悬挂在口内软腭末端的小附件，那个是悬雍垂）。此外，当突然发出元音时，发声褶皱骤然关闭，会发出一个生硬的小声音，也就是所谓的"声门塞音"。

声带打开时，空气可以静静通过；声带关闭时，声带让我们避免被"噎住"。发出声音不过是声带的一个次要作用，然而，它们将这一次要作用完成得十分出色。

怎么做到的？空气通过时两片声带完全靠拢并振动，就像我们吹小号时的两片嘴唇那样。声带根据期望的音高一直在水平方向上拉伸。它们像任何乐器的弦一样，拉得越紧越细，声音就越尖锐。声带越松越厚，振动就越慢，声音便越低沉。它们将这一运动先后传递给内部和外部的空气，气压随之发生重复而迅速地振动变化，将声音印在鼓膜上。声音无论尖锐还是低沉，其音高都称为频率，对应于每秒钟的振动次数。频率的计量单位是赫兹（Hz）。高频率的声音，比如每秒钟振动1700次（1700赫兹），听起来尖锐，低频率的声音（比如60赫兹）听起来低沉。这两个值是声带所能达到的极限频率，最高频率由女性产生，最低频率由男性产生。我们的耳朵对频率在20赫兹至20 000赫兹的声音敏感。

拉紧声带可以在压力下瞬间自动产生精确的频率。拉紧声带与我们的内耳和神经系统密切相关：当我们无论有意识还是无意识地选择一个音符时，声带便适当拉紧，释放出所选择的频率。虽然引领喉部的神经冲动通路及其微妙的机制被人所熟悉，这一传动的起源却仍然不为人所知，但是很好用！我们以音高为440赫兹的音或音La 3（这是电话的音调，也是整个乐队都致力于与之协调并制服其不和谐音的双簧管音调）为例。这个音符的频率是440赫兹，为了发出这个音，空气通过时，声带拉紧，每秒钟精确地完成440次振动。为了发出比它低沉一倍的声音，声带以220赫兹的频率振动；而为了发出比它尖锐一倍的声音，声带则以880赫兹的频率振动。

为此，声带也需要有空气通过。我们说一说吸气。声带将气息转换成声音振动。呼气时，声门下空气压力将声带分开。一小团空气"砰嗵"从中间经过。声门下压力减少，声带弹力使其重新回到最初的并拢状态。再一次，声门下空气压力增加并使其分开，一小团空气"砰嗵"从中间经过……以此类推，每秒钟可完成60至1700次！

伯努利效应是空气流通所引起的吸气现象，它使声带闭合得以强化。伯努利效应虽然不怎么直观，但可以轻松体验到：取一张纸，水平放在您唇的下方，纸的末端下垂。用力在纸的正上方吹气，您会看到纸抬起，再落下，就像被通过的空气吸起来一样。在该效应下，气息让本来分开的声带靠在一起。这些力量交替发生，令声带出现非常复杂而迅速地起伏。我们可以用一张更熟悉的图片慢慢展示这种交替现象。想象两面旗帜，升到旗杆上方，两面旗离得特别近。旗的布料有弹性。起风时，两面旗帜开始随风飘扬，在风中互相触碰。只要空气压力足够大，它们就会同时振动。[33] 当然，要想听到声音，还应该有用作共鸣箱和扩音机的内部空间。

声带首先在耳朵处发生作用，这也是经得起科学解释的奇迹。因此，只要我发出一声低沉的"啊……"，您就能不假思索、简单地模仿、自发地发出这个声音来。无须转动任何按钮，无须做出任何努力。刚听见声音，声带就能采用正确的压力，重复发出一模一样的声音来。我变换声调，发出更高的"啊……"音，情况与此完全相同，您可以本能地发出来。说实话，除了听觉外，我们没有引导声带的其他方法；声带没有任何感觉神经，而我们既不能感觉到声带，也不能随心所欲地让它动。然而，这小小的一对肌肉却能够按照大脑的指令，在空气的带动下产生无穷无尽的声音变化，跨越两至三个八度，威力巨大。

因此，我们在说任何话之前，都无意识地选择了一个音符，并给声带一个压力和确定的振动。什么都不能妨碍我们使之变成一种有意识的现象，并选择更低或更高的声调。为了管控声音，严格意义上来说，我们应该听自己说话。

在我们的生理学限度内（小提琴永远不能弹奏出大提琴的所有音符），每个人都有能力改变其平均音调变化。平均音调变化只是习惯而已，只要坚持不懈、小心审慎并比习惯还固执，就可以改变习惯。这需要有明确的动机并在日常付出努力。直到新习惯代替旧习惯的那一天，我们再来用新音调自发地聊天，我们的新声音便会重新为我们呈现它的"自然"特性。

没有气息，就没有声音！

我奶奶踹着碎步迈入九十五岁门槛时，她用声音表达思想的能力每天都退步一点点。我激动地听着她的声音。尽管奶奶患有帕金森综合征，她的右半边身体抖得愈来愈厉害，但她的思维特别清晰，咬字有力准确。如今，她的音色比以前更深沉，声音更生硬。有时候，正说着一个词，就毫无征兆地突然中断了，像海浪拍打在岩石上一样。清过嗓子后，声音却变得沙哑，被滞塞住了。奶奶当年那么爱唱歌，可如今却气息短促，身体骤然拒绝为她供应唱歌用的气息。声音中无时无刻不流露出她的各种情感，有时柔软而忧伤，仿佛犹豫不决；有时顽强而直率。她这新的悦耳的声音，除了讲述着她的日常生活之外，还道出她经历了多少世事，遭受了多少苦难，她老人家的身心多么疲惫。

她的乐器不再工作了；头脑里构思了演说内容，可是她的身体精疲力尽，不服从思想，也不能雕刻思想，赋予其声音的外形。她的气息很弱；或者没有气息，然而，没有气息，便不能说话。她打了一个轻蔑的手势，给我看她的嗓子，痛苦地跟我说："你听见了吗？我的声音背叛了我，我没有气息说话了……也没有气息唱歌了……我那么爱唱歌……"不仅仅她的喉和声带衰老了，她的呼吸也有了缺陷。

因为声音也是一种管乐器。很多人认为，话语是一种脑力现象，它使用一条将大脑直接连接到嘴上的短小路线。他们认为，大脑构思话语，嘴将话语表达出来。实则不然，话语并不是这样的一种脑力现象。声音有一个身体，它来自这个身体，并依靠这个身体。当肌肉过于松懈时，气息流通不足，声音就消失了。

储存在肺里的空气通过气管流通，于靠拢在一起的声带下产生压力，从而发出声音。空气在这两小块肌肉下被压缩，维持其振动。由于呼吸是一个无意识的天然功能，所以为说话而使用呼吸似乎是理所当然的事。但是，当主体疲惫时，当我们想唱歌、更大声说话、吼叫时，正确的呼吸动作骤然消失。属于反射指令的东西再也不能得到有意识地执行了。

呼吸是我们能够自愿改变的唯一一种生命功能。然而，我们因呼吸运动而有的直觉、感觉和表征通常却恰恰相反。我们很容易混淆肌肉压力的感觉和空气在肺部真实存在的感觉。当我们试图深呼吸时，大部分人自发地从用力吸气开始——此时胸廓上升且膨胀，然后再简短地呼气——此时胸廓向下放松。

然而，这并不是自然自发的呼吸运动，并不是我们不特意考虑或睡觉时的呼吸状态。环顾四周，没有人呼吸时耸起或沉下肩部，观察到这一点就足够了。事实上，这涉及可能产生于我们心智表征和感觉的反向呼吸。当我们使上半身膨胀时，会感觉吸入了空气——其实特别少，但这种胸廓饱满的感觉不能为我们提供任何关于肺部填充水平的信息。这只涉及几个解剖学概念，真正的呼吸机制就像那个著名命令"用腹部呼吸！"的意义一样，变得清晰明了。

人体的两个肺都呈半圆锥形，是内脏器官。它柔软、坚实有弹性，空气和血液之间的气体交换就在这里发生。肺的底部通过胸膜附着在膈膜上，这样便使两者凹陷的形状和运动结合在一起。肺的顶端抵达脖子底部，就在锁骨下面。因此，肺根据胸廓容积发生变化，而胸廓容积主要通过横膈膜的运动得到改变。

横膈膜是呼吸的主角。它由呈圆弧形排列的肌肉纤维组成，呈穹顶或圆顶雨伞形。横膈膜是我们最大的肌肉表面。它把人体一分为二——正如古人所言，将干区（胸廓和肺）和湿区（腹部及其器官）分隔开来。它在前面与肋骨相连，在后面与腰椎相连。其顶点，也就是穹顶最高点，位于胸廓内，在胸骨尖水平稍稍偏上。横膈膜像活塞一样，在胸和腹之间上下运行，它几乎不受神经支配，是比肋间肌更难以感觉到和更难以控制的一块肌肉。

我们躺下来时，更容易观察横膈膜的作用和自发的呼吸运动。躺在扶手椅里或平躺下来，双腿屈起，双脚平放，自然呼吸。试着感受并观测横膈膜活塞的运动。双手平放在肚脐眼下方，有助于我们感觉到这些变化。真正放松身体，不进行任何干预，我们会发现，上上下下的，既不是胸廓，也不是肩。运动位置在腹部。吸气时，肚子略微膨胀；呼气时，肚子收缩。

吸气是主动运动：横膈膜收缩、压扁、下沉，这增加了胸廓和肺的容积。这一运动需要空气。于是横膈膜在外部压力差的作用下自然回到肺内（因此，不必试图"吸入"空气）。同时，横膈膜下降，挤压内脏，内脏便将肚子向外推。

呼气是被动运动：横膈膜放松，重新以穹顶形状上升到胸廓内部并使肋骨下沉。这样就减少了胸廓空间，将肺向上推并将空气向外驱除。因此，腹部向内部回归，因为横膈膜的上升让器官能够重新回到各自的位置。自然呼气是正常情况下身体所有肌肉完全放松的唯一运动。此外，当我们紧张时，呼气停止，因为放松状态受到了束缚。肺弹回到其休息状态。这种弹回是一种次要的吸气力量，这力量与横膈膜的放松相伴相生。

我们放松时，肋间肌极少参与这个简单运动。这就是经常要用腹部呼吸的原因所在：腹部抬起再下沉，就是一次流畅而自发的自然呼吸运动。

为了感觉吸气时横膈膜的活动，请挺直身体，把手指放在肋骨下面，手心向上。用力推手指，仿佛要把它们推向身体里面：呼气时将所有空气从肺部驱除出去。一旦肺空了，即张开嘴，再用手指用力推在肋骨下方所碰到的肌肉：空气一下子进入肺。这时，可以感觉到横膈膜张紧，腾出位置，让空气能够涌进来。用嘴而不用鼻子呼吸做这个练习，能够更好地感知并控制内部动作。确实，用嘴呼吸能够改变空气呼出，而用鼻子呼吸则根本不可能达到此效果。

所以，简单的自然呼吸主要是横膈膜呼吸，而我们却以为是间接的腹部呼吸。为了能更容易地记住正确运动，可以这样设想：一切的发生都"仿佛"是空气进入腹部——吸气、腹部膨胀、呼气、腹部收缩。

只有当应该用力，当希望吸入或呼出超出流动空气容积的空气量时，呼吸才变成积极的腹部运动：为了吹灭蜡烛、做运动、擤鼻涕、咳嗽、更大声说话、唱歌、喊叫、甚至放松……为此，我们让补充吸气的肌肉参与进来：腹肌（腹横肌、每一侧的小斜肌和大斜肌，以及中间大直肌）。此前一直都是被动运动（横膈膜放松）的吸气，到此时才变成了主动运动（腹肌拉紧）。

为了感受这一运动，请像要突然间一口气吹灭十根生日蜡烛那样吹气，腹部收缩。腹部肌肉拉紧，有助于令肺底部重新上升并使吸气充满活力。要注意，其他次要肌肉，比如肋间肌和胸廓内的胸横肌也要收缩，以减小胸廓容积，增加吸气。

我奶奶以前是瑜伽老师，对这一切了如指掌并身体力行。然而，她从未有意识地将她的呼吸和声音联系在一起。而事实上，说话时如何呼吸呢？

为了控制声音，首先要会控制安静的呼吸动作。声道让我们能够控制发声。"支持"声音，就是做能够管理声带下空气压力和流量的有效呼吸动作。这让我们能够更好地被别人听到，且不被发音所累。

声带下的空气压力与其张力相伴而生，确定了声音的音高和功率。空气在声带和横膈膜之间被压缩。空气压力越大，声音越强。这就是我奶奶已经不具备的功能了。她已不能将空气置于压力下，她的声带也不再能够有力地振动，所以声音被切割得断断续续。

我们很难控制放松的肌肉，尤其是像横膈膜这样基本感觉不到的肌肉。为了支持声音、管理空气流量和压力，吸气肌肉横膈膜并不会任由自己完全达到惯常的放松状态，它起到对抗的作用。[34] 腹肌开始运动期间，我们力求保持肋骨打开，阻止胸廓下沉，旨在控制横膈膜，使其略微紧张而强壮。因此，横膈膜与腹肌协同工作，以将活塞上升控制得更好，并确保发声呼气更加稳定。

可以用手模拟这个微妙的控制，以对其理解得更透彻。在腰部朝天空方向转动右手，再向上伸，仿佛向上推动一个看不见的空中重物，用嘴呼吸，嘴唇轻轻闭紧，好像要发"夫"音。想做出稳定和谐的动作很难，所以要聚精会神：迅速向上伸手，轻轻地倏然停顿，迅速结束呼吸。

现在左手手心向下，放在右手上，施加适中的压力，一边呼气一边左手轻轻阻止向上推的右手。向下推与向上推保持平衡，更好地控制整个过程，可以保持长久而稳定的呼气。

两个人一起练习，一个人把手放在另外一个人张开的手上，这样更容易体验这种控制。一个人边呼气边向上推，另外一个人向下轻轻施加压力，以减慢下降速度，但不要停止。如果两人推力平衡，上升便和谐而有效。

如果为了发出声音而呼吸，如同上述的模拟游戏一样，对抗力量互相配合，从而实现控制。横膈膜用恰到好处的力量抵抗腹部推力，使呼吸平衡，同时也对声门下压力进行控制。

像蛇发出"咝咝咝咝"的声音那样，一边吹口哨一边呼气，可以更容易地感觉到这对肌肉，因为空气在进入牙齿和舌头时施加压力，它在牙齿和舌头上的感觉要比在声带上的强烈。

再试着咬住嘴唇内侧，以发出长长的"夫"音，或者试着向一根细吸管里面吹气，以感觉参与空气压力管理的肌肉。像西班牙语里的颤音"r"那样，发法语小舌音"r"，变化声音。如果不吹气，就发不出来这个音。再用力发"VVVV"音，然后再发"啊啊啊啊"。你应该能在发"VVVV"音时感觉到腹部的微小运动。

所有的困难在于：在不阻塞喉部的前提下，根据想发出的音找到既柔韧又活跃的正确动作，可以在不对发声产生任何影响的条件下，做类似收腹的大量无用动作。无论是为了说话，还是为了唱歌，气息均是发音技术的基础。我的一位美国声乐老师经常跟我说："唱歌过程中有三间事情非常重要：呼吸、呼吸和呼吸！"[35]

有声橡皮泥

　　我们的声音由喉和鼓风装置产生，突然出现在发音和共鸣空间。声音经放大后变成了声音组合，不停被塑造和雕刻。哲学家阿兰·阿尔诺说："声音的发音是舌头、牙齿、腭及它们互相对接的事。它们的对接是撞击或推动它们的气息相协商的结果，唇、齿、鼻和腭、声门、软腭、脸颊……"[36]

　　每个声音都由数个频率组成，即由波叠加而成。基础频率最低沉、最容易听到，赋予音符的音高。在基础频率之上，有一套次要频率，即谐波，是基础频率的整倍数。它们的组合决定了声音的音色。如果用光波表示，我们可以把谐波想象成是灯泡发出来的或强或弱的光晕。功率相同的灯泡，根据材料和产生的波不同，光线可以多多少少呈白色或黄色，偏冷或偏暖。音符的音色与光的颜色相对应。此外，也有声音的色彩一说。

设想有两个吹哨的人，一个吹得很差，而另一个吹得像夜莺啁啾。两个人吹得都很准确，但是第一个人吹出来的音拙劣蹩脚、平淡无奇、十分刺耳……而另外一个人吹出来的哨声引人入胜、华丽圆润，因为那声音里含有大量谐波。这里也涉及声谱，即用图表表示的音色图像。

首先是赋予声音不同色彩的形态学特性。喉、咽、鼻、颌、软腭、舌头的大小及其运动提供了共鸣空间的大小。这些空间的黏液会产生不同混响，就像小提琴的每层精油和每层清漆都能改变它的声音一样。因此，在喉出口处，声音的振动突然开启一段蜿蜒曲折的行程，改变了它的谐波组成，产生了共振峰。共振峰是共鸣空间特殊的频率加强区。

如同我们的内部空间可以调节一样，这些共振峰也可以改变。嗓子可以收紧或张大，颌张开或半张开，软腭下降或抬起，嘴唇拉长或突出，舌头后退或凸起。通过调动这些可变化器官（及用气息调动声音载体），我们能够使声音具有细微差别，并用各种各样的谐波使其变得更加丰富。这就是模仿者所做的事。他们通过发挥共鸣空间的作用，改变声音谐波，因此将声音音色调整到其想要达到的目标音色。当然他们也要重现声音的发音和音律。阿比博博士认为，当做腹语的人成为"做柔体表演的杂技演员"时，他们都是"喉头高手"。[37]

发音还改变谐波和共振峰。只有元音真正产生声音。此外，拉丁语单词"vocalis"衍生出法语"元音"一词。从语言学的意义上说，元音是喉产生的声音，是声音本身。每个元音都由于其特殊的声道位置而有别于其他音，并因此具有其特有的音色，而音色又由共振峰组成。这些共振峰为每一个元音赋予一个音高，为音谱赋予不同色彩。换言之，由于发出来的元音不同，以相同基础频率发出来的声音不会有相同的谐波。所以，一个声音总是有双重音色：即自己独有的音色和元音音色。这样既可以区分发出相同元音的两个人的音色（让和雅克两个人都发出"啊"音，但我能将他们辨别出来），又能够辨认同一个人发出的两个不同元音的音色（我能够辨别出雅克发出的"啊"和"噢"）。

花些时间用同样的气息、同样的音高训练下面这几个元音：u-ou-o-a-è-é-i。您是否感觉到了嘴唇和舌头的变化？现在试着尽可能快地从一个元音过渡到另一个元音。发"u"音时，嘴唇向前突起；嘴唇位置不变，舌头略微向后退，并向下降，便发出"ou"音。口内空间继续变大，发出"o"音。发"a"音时，嘴张开，舌头放平。发"è"音时，舌头略微向前凸起，发"é"再向前凸起一点，发"i"音时，嘴微微闭拢。发"i"音时，与通常被接受的夸张发音方法不同，其实无须任何唇连合。频率稳定，但谐波随着元音不同而变化。如果用一个更高的音符做同样练习，则元音共振峰的相对变化与此相同。

固有音色和元音音色的结合是我们乐器的特性，其他音只有固有音色。这个原理也解释了为什么我们听到的一些声音比另一些声音多。功率相同的情况下，尖锐共振峰的强化让声音能够抵达另一个声音无法抵达的高度。除了呼吸支持的正确动作外，不管所发出的音符和元音具有什么样的音高，加强某些谐波，都能让歌唱家在歌剧院不用麦克风就能让歌声响彻剧场。这种强化叫作"歌唱共振峰"。男性声音达到2800~3000赫兹、女性声音达到3000~3200赫兹时，出现歌唱共振峰。日常生活中，比如在饭店里，尽管邻桌说话声音非常低，但因为其音色丰富，尖锐的金属振动接近"歌唱共振峰"，所以我们除了能听见餐具的响声和聊天的声音外，还能听见邻桌说话的声音。此外，我们本能地就知道这一点，因为当有人让我们大点声时，我们的反应是立刻用更高的声音说话。通常，这样做立竿见影，但对于听者而言，实在太刺激了。

您可以试着用力发"啊"音，然后再用同样的力量发"一"音。问问旁边房间里的人，他听哪个音的效果最好？正常情况下是"一"，因为"一"音里含有更多高音谐波。

共鸣空间的音调变化要求软腭参与。软腭是腭的柔软部分，在口腔的最里面，末端是小舌——漫画里爱笑的人喉咙深处的那个小逗号。当软腭下沉，碰到舌头时，声音几乎不能由口发出，而是要采用鼻音。因此，要想去除鼻音，只要像要打哈欠那样，训练抬起软腭就够了。

从字面上看，辅音就是与元音一起发的音。发辅音时，要求中断或打乱空气和声带运动。浊辅音要求声带必须部分闭合，这样发出的音与辅音发音所需空气混合在一起。非浊辅音则是纯粹的空气冲出口腔发出声音，声带是打开的。中断空气的部位不尽相同：嘴唇（p、b），牙齿和嘴唇（f、v），牙齿和舌尖（s、z、t、d），舌头中间位置（ch、j），口腔后部（k、 g），或者喉咙（r）。法语里的辅音都是成对的：一个清辅音对应一个浊辅音：（s、z）（t、d）（p、b）（f、v）（k、g）（ch、j）。只要把手放在喉咙上，即可感知这些辅音的发音情况。每一对辅音在发音时，舌头的位置和运动都严格相同，而发浊辅音时，手可以感觉到声带振动。唱歌、改变音符音高，可以用浊辅音，但不能用清辅音，因为清辅音仅仅是形式上的音。

辅音"l""m"和"n"独具特色。它们是浊辅音，但没有相对应的清辅音。发这几个音时，就像发元音一样，声带完全闭合，所有空气都转化成声音。发"m"和"n"音时，声音完全在鼻道。如果堵住鼻子，完全不可能发出这两个音，不信试试……因为振动没有任何出口，所以发不出任何音。

发音游戏、声音变化游戏及其谐波游戏非常微妙。做这个游戏时，不能扰乱发音的正确动作。虽然舌头、嘴唇和下巴都在运动，但喉部应放松。比如打哈欠，可能会使喉朝下压，从而改变发音。太多声乐老师或戏剧老师都是直接就声音对学生进行训练，而并不关注发声动作。我的一位老师让我摸他鼻子，以感觉在他唱歌时有多少次振动及多少个高音谐波。"你感觉到振动了吗？你听见声音里有金属声了吗？你也这样做。"他总是让我模仿结果，却不给我关于如何模仿的任何指导。为了试图达到这一效果，我在喉咙处做了几个振动节点（当然这是个形象化的比喻），后来，我用了多年时间去辨清这些节点。就像在运动中，比如网球运动，试图打好球之前，应学会做可靠而健康的动作。一旦有效果，就应该一直确保这样做不会破坏动作的正确性，磨刀不误砍柴工！声音加工的各个环节——

送风、声带、发音和听觉——紧密地联系在一起。它们彼此间不断相互作用、相互调整，发挥着各自的作用。

声音啊，赐我愉悦吧……

我们的声音无论是在技术范畴之下，还是超出技术范畴，最终都要交给耳朵做出判断。如果耳朵觉得愉快，声音便可自由释放；而如果耳朵感到失望，嗓子就得紧闭了。

"乌鸦听了这些话，特别不开心／可是为了展示它动人的歌喉／它张大嘴巴，战利品就掉了下来。"浴室里一只狐狸也没有，只有令人得意的混响。经验不足的聒噪鬼们充分利用了浴室不同凡响的音质。有时候，浴室那几平方米的局促空间就像变戏法一样，变成了音响效果极佳的大教堂。声音在方砖地上和空旷的空间回响，效果大大好于房子的其他任何房间，因为浴室里没有家具，所以有利于振动的传播。光滑且平行的表面反射声波，使其效果翻倍并产生回声。盥洗盆和浴缸的弯曲曲线增加了反射方向。管道也参与共振，并像被遗忘的管风琴一样振动。声音被放大、美化，并延展成不同寻常的喜悦。在这个舒适而畅通无阻的空间里，声音动作变得一目了然，嗓子柔韧，高音不费吹灰之力就迸发出来，低音则大大方方地跌宕起伏。没有证人在场，乌鸦在浴室里也能变成夜莺。

如同在教堂里一样，浴室的音响效果部分弥补了声音技巧的缺陷。歌手发出的声波能被反射扩大。反射的声波添加到发射的声波上，使发声动作变得容易。声音由振动波组成，其传播、反射和吸收机制使波之间相互作用，在隐蔽角落累加，互相混合，甚至互相抵消。或者从少量到部分完全抵消，或者与之相反，互相支持并互相扩大。频率相同的两个波在相反方向传播，将产生驻波，其振幅超过了两个原始振幅，因此，结合音需要的发音力量更小。

为了通过图像理解声音，在浴室里回忆一下阿基米德原理或我们在浴室里玩的儿童游戏——根据浴缸里的水量，很容易让浸入水中的橡胶鸭子漂浮起来，或者让它一直漂浮在水面上。水的推力可以抵消（或者不能抵消）物体重量和施加在物体上的压力。同样，我们发出的声波被其在房间里所遇到的声波携带或吸收，所以也很容易产生变化。再来想象一下推动秋千的场面。如果我们顺应其飘荡的节奏，我们就进入了与秋千的"共鸣"，推起来毫不费力。

然而，我们都可能自恋地做过卫生间著名女歌唱家，喜欢听到赞美。突然，我们听到自己的声音扩大且丰富了。那声音充盈着整个空间，振动充分饱满，令人鼓舞。盈满了耳朵，也盈满了身体。因为我们不曾知道自己的声音是这样的，但我们却对自己的耳朵依赖有加。耳朵欺骗我们，我们却相信它。我们应该清楚地意识到：身体这个机械设备，并不是因为突然间实施了技术操控而得以除锈或解锁，而是如奇迹一般，仅仅因为发声动作的结果——声音——令人满意而已。这是因为正确的动作产生了良好效果，我们立即收到反馈，对身体产生瞬时影响。刚走出卫生间，声音立即变得生硬难听、不堪入耳。身体紧张起来，声音不知不觉哽住，继而消失。当声音效果不再令我们满心欢喜时，机械设备就卡住了，要想唱歌就得用特别大的力气。于是，为了不那么聒噪，我们噤声，等待着下次洗澡……

专业歌手和演说家对这一现象了如指掌。根据房间的混响效果不同，有的声音很容易发出来，有的则约束重重。如果没有坚实的发声技巧，在墙上挂有壁毯的会议室里说上整整一天话会让人十分疲惫。很大一部分发声技巧就在于不依赖于音响效果的回转，即不依赖于这个无意识的反馈回路。

那么，无论共鸣干枯生硬还是令人愉悦，无论它令人窒息还是讨人欢喜，为了既舒适又顺畅地发出好听、强健且可听见的声音，应如何掌控说或唱的发声动作呢？

首先，要认识到我们永远不会两次获得相同的声音。我们应该使审美需求与我们所处的地点相适应，声音会随着我们所处地点而变化。我们应该让自己与所在场所的音响效果相和谐，就像汽车司机根据气候条件、路面状况或车流密度调整驾驶情况一样。

其次，要贴近我们的身体感觉，贴近为了唱歌、喊叫或说话而做的内部动作。除耳朵外，还有很多因素可能妨碍发声：

身体姿势不良、肌肉紧张、呼吸阻塞、胃食道逆流、感情、心怀恶意的听众、偏见、不确定性……此外，这个乐器并不是一个真正的乐器，可能会变形、变化并阻塞它所发出的声音。身体的肌肉紧张使振动停止。因此，至关重要的是不收缩肌肉，不要收缩呼吸肌、颈肌、颌肌、舌肌……然而，要想完全放松这些肌肉，简直就是痴心妄想。在身体的维护、呼吸、发声和发音过程中，我们的肌肉总是十分活跃；即便放松是我们一直竭力追求的感觉，它们也不能完全放松。应该在无用的紧张和无效的放松之间找到中间位置，寻找能够确保正确动作和自由振动的良好平衡。

首先，要在不发音时意识到身体的感觉。其次，要利用每个说话时刻感觉发声动作和动作在身体中引起的感觉。

温柔的声音在我身体的什么地方回荡？喉咙里还是口腔里？低沉的声音呢？在胸腔里回荡？尖锐或刺耳的声音又在哪里回荡？鼻子里还是鼻窦里？

提高或降低说话声音时，哪些肌肉参与？哪些肌肉不参与？

我的朗诵精准明确时，舌头或嘴唇有什么样的活力？

感知身体的发声能够将感觉与外部声音结果联系在一起，并设想其产生的影响。这就是我们要在体育训练中重复做的事。网球运动员在打球时感觉到他的动作正确，即便不看着球，他也知道球会在球场上。高尔夫球运动员知道针对每个应跑距离的节奏幅度。声音亦如此。掌控是本体感受，而不是简单的听觉：指导气息、让声带振动、细致地发音、调制已经在我们身体内经历了复杂的折射和倍增过程的声波。

与年龄相符的声音

"有人吃了我的麦片粥！"

大熊、特别大的大熊用很高的声音说。

"有人吃了我的麦片粥！"

中等个头的熊用不高不低的声音说。

"有人吃了我的麦片粥，还都吃光了！"

小熊、特别小的熊、小不点儿熊用低声、特别低、极低的声音说。[38]

我们试图控制一个充满活力而变幻多端的工具。小提琴、大提琴缓慢地衰老。木头一直在工作。它们演奏次数的多寡不同，声音也随着时间的推移而发生变化。我们每个人的音色和音域也根据生理发展的特点变化而变化，随着生命历程的蜿蜒而不同。

"喂！你好，小姑娘，你妈妈不在家吗？"

"我不是小女孩！"

"哦，对不起！"

我们没有完全弄错……挂断电话的确实是个孩子，而不是成年人。但肯定猜不到是男孩而不是女孩。百分之五十的概率。小男孩很生气……混淆是不可避免的，因为除了病理学特例外，直到变声期之前，男孩和女孩的音调都很相似，尖锐而清亮。

女孩和男孩出生时声音相同。两个性别的新生儿都有约 2 毫米长的声带，喊叫频率 500 赫兹。尖锐的喊叫声在所有孩子当中都可以被辨认为婴儿的叫声，无性别差异的婴儿叫声。为了对这些声音的音高有个标记点，请重新听一下接通电话铃声的 La 440 音调。婴儿的喊叫与之没有大的差别，甚至还更尖一点点。

女孩和男孩成长过程中声音相似。3 岁时，他们喋喋不休地说话，声音频率大约为 400 赫兹。大概到 8 岁时，他们的声带达到 6 毫米长，声调变化在 300 赫兹左右。发音就像吮吸本能反应的残余，在靠近口腔非常靠前的位置。有时候，他们的发音犹豫不决，平翘舌不分。而到了青春期，女孩和男孩的声音就出现不同了。

小女孩先变声。这和人们通常能够想到的不同，女孩的青春期比男孩来得早，所以变声也比男孩早。有的女孩刚过 10 岁就开始发育，并开始出现女性特征。她们把仍然是儿童的男孩抛在后面，有时候抛得很远。男孩到了14岁甚至更晚才能赶上女孩。如果青春期女生的变声不明显，那是因为她们声音的频率只下降了三度（三个音符），稳定在200赫兹左右，而男孩的声音频率延长了一个八度（八个音符），以125赫兹左右的频率振动，可以说是从单个到双倍的变化。此外，男性的变声伴有跑调、突发、反复等特点，听起来不舒服。而女孩子的变声则完全没有这些特点。男性语音的基础频率通常在100至150赫兹之间，而女性则在140至240赫兹之间。

变声与青春期一样在性激素的作用下突然出现：男性分泌雄性激素和睾酮，女性分泌雌性激素和黄体酮。众所周知，这些激素对生殖器官、肾和毛发系统的转变具有重要作用。但我们却很少知道，它们也对喉头和声带有影响。喉头会长大并降低。男人的喉头通常会更大，所在位置比女人的喉头低。这个区域含有众多腺体，所以对变声敏感。男性在睾酮的作用下，变化会更加明显，出现喉结，声带黏膜中间层变得更厚。声带在变声后会变长，男性可达16至20毫米，女性可达10至15毫米。发声器官因性别不同而有差异。

声带不但会随着喉变长，它们还改变了工作方法。变声期后，发音时，声带完全靠拢，但靠拢的表面更宽。所以成年人在通常被称作"胸声"的音区说话，而他们小时候则在"头声"音区说话。但是，每个人都保留着用头声说话和唱歌的可能性。男性头声也叫"假声"。

头声或胸声的发声来源都在喉头，这些表达参考了身体里声音振动的位置。在胸声或"喉部振动机制1"中，声带并列在一起，使厚度更大；声音更稳定、有力，振动频率通常在80至400赫兹之间。其结果就是振动的感觉大多在上半身。头声或"喉部振动机制2"，产生的原因在于声带只有上半部分靠一个三角形软骨中枢（即将声带连接到喉头的勺状软骨）薄薄地并列在一起，所以振动的感觉主要在头部、喉头内（即口腔深处空间）和鼻窦里。更尖锐更清晰的声音振动频率在300至1500赫兹之间。

用我们乐器的几个内部振动做个实验：把一只手平放在喉咙和胸上。闭上嘴，就像面对一盘美味佳肴一样，自发地发出满意的"Mmmmm..."。延长这个音，毫不犹豫地让它振动，以感知该振动所在的位置。放松连接颌的肌肉，让舌头在下齿处安静地放平，舌尖轻轻触碰下齿。"Mmmmm..."

密切关注身体各个空间的共鸣过程，体验这个振动的高度。振动蔓延到全身，我们随之抖动，进而旋转，使反射波混合在一起。当我们发出尖锐的"Mmmmm..."时，振动发生在头部；而发出低沉的"Mmmmm..."时，振动在胸腔蔓延。

音域与音高密切相关，但在某种程度上又不受音高的束缚。我喜欢将它与汽车的速度相比较：可以在一档或二档以每小时50千米的速度前进。第二种情况下，速度保持在每小时50千米，但发动机转速不同，其负荷和轰鸣声也不同。同样，歌手可以在演唱通俗歌曲时以La 440赫兹的频率发出胸声，或者在演唱抒情歌曲时发出头声。当冰雪女王在同名动画片中喊着"解放了，解脱了……"时，用的就是胸声。莫扎特《魔笛》中的《夜后》，不但在其著名的极高声音中使用头声（即哨音，特别高音所用的"喉部振动机制3"），用中低音演唱《夜后》相同音符时也使用头声。

男高音歌手在古典音乐中用假声唱歌。他们这样做是出于美学的选择。所有男人都能使用这一音区（当然，熟练程度和雅致程度有所差别）。只要让身边的一个男人模仿在大街上"呜呜"喊着叫人，冒充高雅女人就可以了。如果他们不太害羞，会毫不费力地发出假声来。如果您是位男性，不妨自己也试一试。这些声调在通俗音乐中司空见惯，只要再听听比吉斯演唱的《活着》就行了！在西方，男人很少使用假声，但在中东、非洲马格里布，男人则更本能地经常使用假声。

汽车在一挡行驶有加速限制，与之相同，胸声高音也有升高限制，所以要"跳跃"并改变喉部振动机制。爵士乐或通俗音乐中，通常故意使用这种切断方法，艺术家们将这种摇摆演绎得淋漓尽致，而古典音乐歌唱家们则苦练唱功，想要消除这个过渡痕迹，使声音在整个应用音域上都一致。在抒情音乐中，如汽车速度的变化一样，应该如行云流水，不被察觉。这就是混音，即两个音域之间的声音。

为了对此有详细了解，需要明确一点，还有两个喉部振动机制：也就是我们已经迅速回顾过的"气泡音声区"和"哨子"。有时候，犹豫时发出"呃"音时能产生这个"气泡音"或"喉部振动机制0"。这个音的声音褶皱短、厚且非常放松，很难测到它们的频率，这是一个"超低音"。有些布鲁斯或摇滚歌手在唱某些音时用这个音。在美洲，女性中流行用沙哑的喉音讲话。"哨音"或"机制3"与"气泡音"的音谱相反，它们产生一种极其尖锐的声音,名为"哨音"。发这种音时声带纤细、拉得非常紧,振动幅度变得非常小。女性在演唱抒情歌曲的超高音时,或因恐惧而叫喊时,会使用哨音。但这两个音区非常特别,在说话时几乎不用。

孩子在日常生活中使用头声,这与成年人及其胸声相反,但他们能够本能地变成"机制1"。变声使这两个音区颠倒过来,男孩声音高而有力,标志着儿童时期的结束。西尔维·吉尔曼小说《无爱人之歌》主人公小菲利普的声音"那么纯洁,仿若天籁之音,所有听他唱歌的人都欣喜若狂。他也美如天使,满头金发,身材纤巧"。[39]他的生活也因变声而打下深深的烙印。他是集万千宠爱于一身的小王子,自以为会长生不老。然而,有一天,他的整个身体悄无声息地发生了变化。长出了毛,散发出酸味,还长了许多青春痘,损毁了整个容貌。"可是还有更糟糕的:他的声音慢慢变得又弱又难听。他的声音突然抛弃了他,像皮球一样弹起来又落下去,时而像山羊,时而像蟾蜍,或者说简直就哽住了。……小王子无法接受被剥夺了曾经那么美好的东西。他感觉遭到了背叛,遭到了他自己身体的背叛。"菲利普躲在树林里,拼命发出经文歌的高音,颂扬上帝。可是由于用力过度,他的声音无可救药地破碎了,永远永远地嘶哑了,再也回不到童年时代那清脆的高音,而且,他也永远无法拥有男人那低沉的雄性声音了。别人给他取了个绰号"男高音"。痛苦溢满了他的灵魂,令其丑陋不堪。与此同时,不公平也达到了极点,他妈妈生了一个小女孩。小女孩很快就会婉转悠扬地歌唱。成年后,她不费吹灰之力,完成了女性的变声，用女低音的迷人音色歌唱。男高音怪她偷走了他的声音，用了二十五年时间报仇。妹妹篡夺了他的声音，于是他让她经受了难以忍受的痛苦，将她的声音、爱与理智据为己有。有时候，变声骤然间将男孩从童年时代拉出来。

虽然声音变化在几个月内表现得非常明显，实际上这一阶段持续的时间要长得多，因为女性音高到了 18 至 20 岁才稳定下来，而男性音高到 28 至 30 岁才稳定下来。然而，这一平衡持续的时间非常短暂。身体的乐器在整个生命过程中都在持续变化，激素周期、怀孕、酒精或烟草，以及生活中出现的所有身体或心理上的意外变故，都会对身体乐器的变化产生影响。

因此，男性和女性在声音方面渐行渐远。然而，这种远离到了到某个年龄就停止了。最后，男性和女性的声音又重新相遇。老年是童年的声音的镜子。年岁高的男性和女性的音色非常接近。无论是男性还是女性，更年期时性激素都会降低，出现轻微逆变声，这使得两性声音趋于相似。激素的减少促进喉软骨钙化，降低肌肉紧致程度，并破坏覆盖在声带上的黏膜的营养进程。声音衰老没有老花眼更为人所熟知，但它却窥视着我们每一个人。衰老让声音变得更加沙哑，像没抹油的门那样咯吱作响。女性声音趋于低沉，仿佛嘶哑的女低音；而男性则趋于嘶哑的男高音。无论男性还是女性，发音都不再稳定，频率在 180 赫兹左右，颤颤巍巍地夹杂着噪声。

1958 年新闻发布会的录音里，夏尔·戴高乐 67 岁。他说话的声音比以往高，特别是当他想表现得信心十足时，更不由自主地趋向于真正的男高音。一位记者问他："您保证能给法国人民带来基本公共自由吗？"他的回答后来尽人皆知："您为什么想让我在 67 岁开始独裁者生涯呢！"将军的声音很高，达到了女性八度，差一点碰到狭窄处。与之相反，2002 年，74 岁的让娜·莫罗在查理·罗斯主持的明星访谈节目中表示，做演员应该坚持自我，但要非常非常非常虚心谦恭，她的声音比戴高乐将军的声音还要低沉。吸烟并不是造成她声音嘶哑和低沉的唯一原因。岁月不饶人。年龄无情地在身体上打下烙印，也无情地在声音上留下痕迹。走到生命的尽头时，男人与女人的声音再度重逢。

"你好！"

"你好，女士。"

"我是杜邦先生……"

"噢，对不起。"

与性别相符的声音

"我把干面包片弄碎了……"在著名影片《虚凤假凰》中，米歇尔·塞侯（又名阿尔宾），在上男性举止课时，战战兢兢地哀叹道。他的伴侣雷纳托试图教他怎样"像个男人一样"往干面包片上抹黄油，因为阿尔宾女人气特别重。他在影片中扮演同性恋角色，是一位著名的艺术家。晚上，他是男同性恋中的女性身份，穿着缀满亮片和羽毛的衣服，在一家夜总会唱歌。然而，那天早上，在一家咖啡馆的后厅，他要面对另一场挑战：让他的行为举止"充满阳刚气"，以蒙混过关，并骗过雷纳托儿子的舅舅。雷纳托的儿子把他未婚妻的父母介绍给了他们。同性恋夫妇就阿尔宾的姿势大做文章，但似乎完全忘记了他的声音……他喝茶、往干面包片上"爷们儿地"涂黄油或像个男人似的拿匙子等种种企图掩人耳目的行为，都因为伴着夸张讽刺的尖叫声而愈发显得娘里娘气。他要喝茶时，有人问他："你的手指在空中画什么呢？"想往干面包片上涂黄油或想像个男人似的拿匙子时，有人跟他说："你好像在摇晃铃铛"。他用尖尖的声音带着哭腔说道："我永远都做不到！"又高又尖并不是令他声音显得娘里娘气的唯一原因。首先，在于他在口腔共鸣空间设计的发音方法。在发带有长音符的音时，软腭向上抬起，像是要打哈欠，这能使音色变得更加洪亮，令声音富含高音谐波，并限制低振动。这个共鸣空间使音色如同山洞回声一样丰富起来，而这样的音色则使他变得更女性化。他在这样的共鸣空间里发出一些元音，这些元音变音使他的语调显得假惺惺地高雅。他从嘴唇末端发出声音，好像嘴里含着一块糖一样，十分矫揉造作。他声调的上扬或下降变化多样，仿佛俄罗斯的层峦叠嶂。他变换节奏，有时故意延缓下来，然后再加速。雷纳托则与其形成鲜明的对比，他阳刚气十足，说话时语流匀称，语调中性，发音平稳，发音部位更靠近喉咙深处。

除了音高，丰富的谐波、发音部位靠前、语调变化多样、语流缓慢——这些因素是造成阿尔宾的声音极其女性化的更重要原因。在电影里的某些时刻，阿尔宾更安静时，说话的音域也更低沉。他的吐字、变化多样的语调以及抑扬顿挫的发音都更微妙地使得他的声音听起来女人味十足。

虽然在区分年富力强的男性和女性声音时，人们最先想到的特征是音高，但它并不足以将男性声音和女性声音区分开来。女性完全可以有比男性更低沉的声音，而听起来却根本不会混淆。有些女性说话的声音频率为 100 赫兹，而有些男性说话的声音频率为 120 赫兹。然而，我们如果毫不犹豫地将其分别鉴定为男性和女性，这未免过于盲目。许多研究[40]表明，从统计数字上看，西方女性声音比男性声音变化更多，语调更多样化，音调更优美，音高差更明显。若要画出两性声音的变化，女性的话语应具有十分明显的正弦曲线特征，连绵起伏，完全表现为密切相连的曲线，宛如佩里戈尔地区的乡间小径；而男性的语流则像一条虚直线，仿佛朗德省国家公路。两性的说话节奏也各不相同。与我们已有的观念不同，平均来看，女性说话语速慢于男性。她们的元音发得更长，节奏更平稳，更流畅。男性说话时更多地将话语剁碎、切断、捶烂。女性的发音部位更靠前、更准确、更仔细：她们的嘴唇和舌头在口腔和牙齿的前部雕琢字句。男性更喜欢在口腔深处发音，在上下颌之间留的空间更少，嘴唇嚅动得更少，有点儿像腹语者的发音方式。最后，两性之间的词汇和语法也有区别：整体说来，女性更喜欢对词汇和语法仔细推敲，使用考究。虽然严格地说，句法因素不是声音的构成要素，但它对发音也有一定的影响。

在相等或相反的音高上，每个人都有体现其性别特征的声音。想让声音与身体相符的变性人对这一点非常清楚。仅靠服用激素远远不足以提高或降低其声音音域，并因此被认作女性或男性。他们应该在发声、音色、节奏、音调变化及发音方法上下功夫。

许多女性抱怨，在男性占大多数的环境里，女性很难被理解。她们使用声音的方式也许能说明一些原因。一方面，在西方文化中，低沉的声音象征着智慧、权力、经验与学识——这一定是男性占主导地位文化的产物。另一方面，高音和靠前的发音总是让人想到孩童时期。女性在这个环境里失去了可信度，显得不够成熟，且欠谨慎，特别是如果她们不但声音尖，而且音调变化过多时，这种情况就更加明显。

英国前首相撒切尔夫人曾对她的说话方式进行专门练习。在她政治生涯的开始与结束期间，她的话语表达方式变得男性化，以产生重要影响。德国总理安格拉·默克尔也将胸声运用得恰到好处。她说话时口张得很小，发音也在身体内部完成。在女性获得完整法律地位之前，采用男性话语规则的发声方式通常是让自己被理解的最佳途径。为了提高可信度，并被更多人所理解，女性使用更低沉有力、更坚定和单调的声音说话。她们让语流更快，更不平稳，摒弃过于悦耳的变化，并从更里面、即口腔深处发音。[41] 还有其他方法。在日本，身居要职的女性模仿与其地位相当的男性声音，但是，在与比自己年轻的下属说话时，有些女性则使用尖锐的声音，完全像一个母亲跟孩子说话一样。[42]

然而，有些女性忠实地运用着女性声音规则，但也被理解和尊重，没有遇到任何问题。我还记得一位研究航空学的年轻女士——可以说航空学领域是一个男性世界——她总是穿着优雅的连衣裙，数年如一日地坚持穿细高跟鞋。我跟她说，很多女性认为，因为自己是女性而不能被理解，她听后立刻开怀大笑。她一直觉得自己跟男性一样被理解。她毫不怀疑自己的权力，用清晰悦耳的声音说话，从来没有人对她提出质疑，也从来没有任何人打断过她。说实话，我遇见过自认为不被理解的男人和女人数量相当。在这一点上，很多时候，声音仅仅是我们认识自己所用方法的反应。自信令声音变得更加稳固，也令声音富有一些小细节，有了这些小细节，声音就会被聆听。

抒情或令人想入非非的声音

男性和女性的声音在歌剧中衰退的明显标志是象征主义。象征主义有时在声音的自然生理变化中很难找到其证明。抒情声音远离了它们的日常用途，重新创造出一个新世界。随着时间的流逝，声音与其作用之间的关系根据系统化音乐美学发生了变化。

抒情诗人经常试图采用童年时代绝妙的声音进行模糊演绎，这一企图在对阉人歌手的崇拜中达到顶点。十八世纪中叶见证了阉人歌手的黄金时代。当年，在意大利，每天都上演数百部歌剧，繁荣昌盛，广为传唱，如今却都已经消失殆尽了。歌剧剧本的核心人物是一个个阳刚威武又英勇好战的神话英雄：阿喀琉斯、尤利西斯、尤利乌斯·恺撒……扮演者都是阉人歌手。他们的声音又尖又高，像孩子的声音；强壮有力，像男人的声音；杰出精湛，无人能及。这声音并不代表没有性别的角色，而恰恰相反，却彰显着非同寻常的阳刚之气、雄性力量、聪颖智慧。做阉割手术的都是有着非凡声音的年轻小伙子，就在变声前完成手术。当身体完成向成年人的转变时，喉的发展受阻，身体为喉提供男性气息。体型和声音之间的反差引得无数人为之着迷，为之疯狂追捧。女人们为之如痴如狂，竞相施展魅力，要拥有一个阉人歌手做情人……巴尔扎克在短篇小说《萨拉金》中写道："雕塑家萨拉金如是说：'那声音灵动、鲜活，音色清澈，柔滑细腻，宛若丝线，哪怕最微弱的一缕气息轻轻拂过，它都随之蜿蜒。时而卷起，时而舒展；时而丰盈，时而消散。'"[43]藏比内拉实际上是位阉人歌手，他的声音"如此剧烈地撞击着他的灵魂，因人类激情而产生的痉挛快感，鲜有机会能够感受，于是，他一次又一次发出那情不自禁地喊叫"。[44]

除了歌剧之外，其他音乐形式都试图在演绎中运用声音含糊不清的特点。约翰·塞巴斯蒂安·巴赫在他的《激情》中，让女低音来演唱他最令人心碎也最摄人心魄的歌曲。他的歌曲既可以由女低音来演唱，也可以用假声的男高音来演唱，仿佛是天使那无性别差异的声音。在《马太受难曲》中，公鸡第三遍啼鸣后，及圣皮埃尔不认主之后，著名的歌曲《我的神，请垂怜我》才徐徐唱起。歌者的声音与小提琴那烦扰纠缠的旋律交织在一起，那既不是男性的声音，也不是女性的声音，而是面对自己卑鄙行为的灵魂之声。在《约翰受难曲》中，女低音以摄人魂魄的声音宣告基督死亡，与他的最后一句话"成了"相呼应。那不是耶稣的声音——耶稣的声音充满阳刚之气，低沉、忧郁而深厚；那是一个普遍的声音。因为没有确定的性别，任何人都可能没有确定的性别：这使得歌曲更加动人心弦。人类的共同幻想在这里清晰可见。童年时代的纯洁主义与想入非非的假两性畸形混合杂糅在一起。

声音总是这样一个微妙而有机的混合体，西方抒情歌曲也从一个极端发展到另一个极端。它从风格化、系统化的情感，逐渐转变为浪漫随意，那是情感声音的纯粹愉悦。十九世纪，由句子、颤音及其他修饰音组成的精湛技艺被声音的威力和振动所取代。晚于巴洛克建筑一个世纪而出现的声音巴洛克艺术及其矫揉造作的风格也消失了。声音自然流淌，威力强大无比，用元音演唱的旋律减少了，完全覆盖了威力越来越强的乐队。辉煌和高音仍然是生命鼎盛时期男子气概英雄的象征，但要用胸声表现出来。灵活与精湛的技艺成为女性气质的特性。杰出的男高音扮演着年轻、阳刚、有诱人魅力的英雄角色。他与阉人歌手的共同之处是什么呢？他们都对声音的非凡表现力深深迷恋。像帕瓦罗蒂这样的杰出男高音，将其极限推得非常远，他用胸声发出来的小字三组"do"，很少有人能够企及。当一辆汽车以时速 120 千米在一挡行驶，发出和谐且完好无损的轰鸣声时，其发动机的威力不过如此！

女高音则演绎年轻貌美的女英雄。声音越高，用元音演唱的旋律越多，人物就越纯洁，比如《弄臣》里的吉尔达或《卡门》中的米凯拉。成熟女性、知心朋友、妓女通过女中音或女低音的声音获得生命力：《霍夫曼的故事》中安东尼娅母亲的幽灵、茶花女的奶妈和朋友、《北法游吟诗人》中的吉卜赛人阿祖切娜或卡门自己，都是风尘女子。瓦格纳赋予大地女神埃尔达以最深沉、最温暖的女性声音。这一女性声音的歌剧象征体系体现了激素的作用，与待嫁的年轻女孩相比较而言，成熟女性音色更加深沉、温暖、有魅力。然而对于男性而言，浪漫歌剧与上述女性情况相反。在真实生活中，老年人比年轻力壮的男性声音高。而在抒情世界，声音低沉的通常都是父亲（比如《茶花女》中阿尔弗莱德·杰尔蒙的父亲）或者皇家权威，以及威尔第的《唐·卡洛》中的大法官。男低音淋漓尽致地展现着经验、年纪、智慧与权力。总让人觉得，尽管年岁已高，音色不比壮年，但那长长低频波的缓慢振动让人安心、踏实。

歌唱的声音在听众耳朵之外创造了一个想象出来的身体。"在虚幻的身体空间内描绘并唱出所有的运动、节奏、振动、色彩、凝聚与忧郁。……声音将普通身体拆解开来，并把它打发到外面去。"[45]

创造性振动

上帝的灵运行在水面上。

上帝说:"要有光。"

于是便有了光。[46]

十几年来,阿根廷艺术家托马斯·萨拉斯诺致力于让人能够听见蜘蛛网的振动及地球与恒星尘埃微粒的振动。他接收声波(次声或超声),创造了出人意料的音乐世界。声波无处不在。太阳本身也像宇宙乐器一样产生共鸣。每颗星星的内部都在振动。这一点让我对摒弃关于宇宙和谐的卓越先祖毕达哥拉斯的理论感到安慰。太阳是一个围绕平衡状态振荡的系统。这些振荡产生声音驻波,就像声波在巨锣内部产生共鸣。太阳和SoHO 空间天文台报告表明,如果声波也能像光波那样在真空中传播，我们就会听到它们有多么低沉——几乎比地球上能听到的声音低十万倍。

我们的声音就像太阳的声音一样，并不是一股气息，而是一个扩散的驻波，以其平衡位置周围的分子振动为特征。能量在介质内传输，却不转移任何物质。想象一个软木塞漂浮在湖面上，就可以看到一个驻波。扔一个小石子，水面会荡起涟漪，产生圆形波动。然而，这只是一个幻想。木塞不向侧面运动，而是在原地上升或下降。受到波的干扰，它在垂直方向上来回反复，振幅逐渐变小，直至恢复到最初的静止位置。波过去后，什么也没改变，就像声音过去一样。而气息则使物质发生位移，令尘土飞扬。声音需要某种支持来发生位移，但是似乎什么都没被它的经过所干扰。虽然它是非物质的，但它对物质产生直接影响。普鲁塔克认为，在斯多葛派看来，"当声音来敲打我们的耳朵，并像在蜡上盖章一样在耳朵里留下印记时，既然我们能够听见并感觉到它，就说明它产生了影响，发挥了作用"。[47]

在十八世纪，德国数学家及物理学家恩斯特·克拉德尼实现了使声音对物质的影响可见化的目标。恩斯特·克拉德尼痴迷音乐，他在铺了一层细沙的铜盘上摩擦小提琴琴弓。声音振动以激发点为中心，在沙子上绘出美妙复杂的几何图形、驻波图案、所有节点和波腹。声音雕刻了物质，使其成形，创造出美得令人难以置信且变化无穷的图画。每个声音的高度、性质，都把物质塑造得各不相同。20世纪60年代瑞士物理学家汉斯·珍妮再现的正是这一现象。他在一张薄膜上涂上石英，对着通向薄膜的管道用力歌唱，在管道里发出的声音会使石英晶体组成井然有序、极其复杂的几何形状。今天，用 CymaScope 成像系统[48]可以看见声音创作的图画。这些在纯净水表面拍摄的图画，像雪花一样变化多样。根据音高、发出的元音、颤音的不同，声音能够塑造出各种形状，它们变幻无穷，相继出现，仿若万花筒中的美妙图像，令人心醉神迷。声音的颤动就这样雕刻着振动能，而物质就是振动能。因此，我想，我们能否解释为什么我们在听到某种声音时，皮肤会打寒战，心跳会加速，内心里会荡起情感波澜，并进而解释声音诱惑与创造的巨大力量？

声音创造了世界。"要有光。"[49]字词记录了世界，不。为了警示世人，应该有灵和声音的波动。认为声音是世界起源的，并非只有一神论的宇宙起源说，相反，许多传说都将世界起源的地位给了声音。塞尔特人在歌中唱道：当上帝说出他的名字时，光和生命突然与圣言一起出现了。[50]在印度和佛教传统中，最原始的声音"om"造成了宇宙最初的混沌。在太平洋彼岸，玛雅人的圣书《波波尔·乌》讲述了天空如何空旷，如何无边无垠。在神的话语赋予生命之前，一切都静止不动，安安静静。神话故事都互相吻合：世界由口而出，音素构造出形状。从不信教的角度看，难道"大爆炸"的说法也没有在宇宙创造之初对声音给予足够重视吗？那是声音的爆炸。声音力大无比，它振动且改变了事物。

耶和华的声音洪亮有力，耶和华的声音威严庄重。

耶和华的声音折断雪松，耶和华的声音折断黎巴嫩的雪松。

他让黎巴嫩山像牛犊一样跳跃，让黎巴嫩和西连山像水牛犊一样跳跃。

耶和华的声音让火焰喷射。

耶和华的声音震动旷野，耶和华的声音震动加低斯的旷野。[51]

这样，也许一位神的声音和大爆炸无穷无尽的反响构成了宇宙……在人类世界，当话语不能描述事件，而是令事件突然发生时，我们在语言中重新找到了这种力量。从圣徒到不信教的人。"请拿走吧，这是我的身体……"于是，圣饼发生了变化。"我向您致意，马利亚……"，于是，马利亚被致以敬意。"我宣布你们结为夫妻"，于是，他们结合了。"我让你成为骑士……""我原谅你……"文字是死的，但当它被声音赋予了血肉时，便发挥出它所表达的作用。人体变成炼金术的场所。炼金术用语言炼出物质。

波塞冬发怒后，唯一的幸存者奥德修斯在斯科里亚的一个海滩——舍利亚岛上搁浅。他循着一条小溪的流向来到树荫下，并藏身其中，精疲力尽。他浑身肮脏不堪，一丝不挂，醒来时吓跑了娜乌西卡公主的所有仆人，只剩下娜乌西卡公主一个人面对他。因为一丝不挂，他局促窘迫，不敢做传统的恳求动作：给她下跪。于是他用话语向她表达，并一字不差地把动作"我给您跪下"描绘出来。这句话通常从希腊语翻译过来，翻译成

"我求你了"。芭芭拉·卡桑在此看到了"述行语的一个原始场景"[52]。他纹丝未动，却用话语表达了不能用身体完成的动作。非述行语所隐藏的力量也同样令人生畏。正如那句流行语所言："说了就说了。"神也好，人也罢，声音是创始者。

"太初有道……"[53]

说话用的音乐

我的叹息变成了夜莺的合唱。[54]

　　萨尔茨堡，1956年。男中音迪特里希·菲舍尔–迪斯考在卓越的钢琴家杰拉尔德·莫尔的伴奏下演唱罗伯特·舒曼的《诗人之恋》。他的声音饱满、圆润、辉煌、性感、富有表现力。他的声音对每个词、每个声调都精雕细琢，其精准程度只有德国艺术歌曲可以做到。"我在梦中哭泣"，声音在"梦"字上慢慢变弱，直至消失。声音是混合发出来的，发音方法精确，但拉得很长，让人在声音的寓意中听出"梦"字的深刻含义，仿佛轻盈易碎的肥皂泡。在唱出"我哭了"（geweintet）这句时，声音尖锐，音色变得更加平缓而厚重，仿佛字母 w 的延长，发出性感的呻吟。结尾字母 t 铿锵有力，精确得像骤然中断又将人带回现实的闹钟。这一句在歌曲中重复了数遍，每次重复唱起时，菲舍尔－迪斯考都赋予其不同的色彩，我们领略着那只可意会不可言传的美妙色彩，如同清晰可感的希望、失望或绝望。几处简洁而轻柔的钢琴和音，使歌曲感染力得到进一步加强。钢琴诠释并附和着声音，小心翼翼地踮着脚尖，轻声呢喃，仿佛生怕吵醒梦中人。

艺术歌曲是说话的最高艺术，字词在艺术歌曲中通过声音和音乐被描绘出来，得到升华。音色、发音、强度都应在歌曲中让人听懂其所承载的字词含义。声音色彩的每个细微差异都被歌者演绎得淋漓尽致，使歌词更具感染力。是字词得到了深情演绎，还是声音变成了字词？声音从来没有这样具有声音与言语的双重性。舒曼、舒伯特、施特劳斯、勃拉姆斯、马勒，他们都用诗歌来增强艺术歌曲与钢琴和谐配合中的感情。胡戈·沃尔夫将这一手段演绎得出神入化到极致。每个音符都对照歌词插上了想象的翅膀。他用音乐使诗意的氛围得到升华，对每个变化精雕细刻，让演绎者歌唱着说出歌词。表现主义为音乐而生。伊丽莎白·施瓦茨科普夫是卓越的艺术歌曲演绎者，因为她的声音是仅有的几位在歌词所需时能够演绎"丑"的女性声音之一，正如同玛丽亚·卡拉斯在歌剧当中的演唱一样。她在《米孃》一剧中的歌曲《你可知道那个地方》中，细致入微且热情洋溢地演绎了胡戈·沃尔夫的音乐为歌德的诗歌所赋予的内涵。她对声音的掌控精湛卓越，如果没有这样杰出的才华，多首艺术歌曲不过是奏鸣曲而已。"你可知道那个地方？那里！那里！噢，我心爱的人啊，我愿与你一同前往"。

我因此而对德国艺术歌曲迷恋不已，对音与字的完美结合迷恋不已。作曲家选择了在音符、节奏和和声里做变化，这样就可以将感情传达得最淋漓尽致；于是歌唱家自由地专注于音色，因为音色赋予字词以色彩，雕琢它的共振峰、它的发音方法和它的色调变化。如果给声音限定一个范围，音乐会让声音摆脱障碍，为它开启可能的领域，让它自由自在地用绚丽多彩的声音余韵，呈现欢乐与痛苦。

　　德国艺术歌曲与其法国的对应物——即 20 世纪初沙龙艺术歌曲一样，是"一个非常精确的空间，语言在那里遇见声音"[55]，罗兰·巴特为我们做出了这样精确的阐释。声音的种子在那里诞生，那是当声音具有"语言和音乐的双重姿态和双重产品"[56] 时，我们在其间听到的东西。由于他强调说他的言辞只是"对个人享乐的无稽之谈"[57]，我才胆敢站出来反对他的观点。没有人能够将其音乐品味，尤其是声音品味认定为真理，此外，虽然巴特极度吹捧男中音查尔斯·潘泽拉而诋毁迪特里希·菲舍尔－迪斯考，我却敢于颂扬迪特里希·菲舍尔－迪斯考。我像巴特一样在声音的"种子"里感知到让人"直接听到歌手身体的东西，从洞穴、肌肉、黏膜、软骨的深处，被同一个运动带到您的耳朵里……仿佛同一块皮肤覆盖着演唱者身上的肉和他所演唱的歌曲"。种子，是身体在声音里的满足，是声音带来的情感的满足。我在菲舍尔－迪斯考的歌声里也听到了这样的满足。这绝对是他"极具表现力的艺术"，而巴特却对其大加指责，这样的指责令我深受触动。在我看来，德国浪漫主义在其整个辉煌时期都使法国文明的沙龙音乐相形见绌。在德国浪漫主义作品中，声音可以披上所有色彩，用尽所有的情感猛烈振动。巴特错误地揭露了"气息的幻想"；没有气息，声音一无是处。哪怕一次吸气的声音，也是歌曲的一部分，是声音的一部分，是情感的一部分。气息赋予字词以生命。没有气息，文字死气沉沉。只有气息才能让人尽享"元音的满足"，让"身体享有与歌唱者的爱情关系"。[58]

玛丽亚·卡拉斯将它带到了歌剧，尤其是意大利歌剧当中。她有时候用假声唱，敢于使用不够优雅的声音，却被广大听众深深迷恋，因为感情滋养了声音。她的身体、她的内心本能地融入声音之中。虽然在歌剧中，字词似乎隐藏在声音之下，但其所包含的意义极为重要。如果没有故事，如果没有字词——哪怕不知厌倦地重复一句简单的"我爱你"——歌曲就不会产生其现在所具有的影响。像拉赫玛尼诺夫作品那样的一个优美片段，因为没有歌词，装饰音在无穷无尽的"A"上流淌，情感只有在歌词的衬托下才显得如此强烈。在歌剧中，让声音泪泪涌出并令听众心荡神驰的是爱情、嫉妒、背叛、生命和死亡。斯卡皮亚让托斯卡委身于他，以救她情人的性命。被斯卡皮亚威胁的托斯卡用精湛的高音结束了她的请求，那是撕心裂肺的吼叫，抑或是无穷无尽的控诉。[59]那高音撕碎了听众的心，因为，在背景与歌词的烘托下，它表达了难以描述的悲痛。它是缠绕肺腑的振动。在歌曲中，就如同在生活中一样，声音的魔力来自它与语言的亲密结合。

着迷

我沉浸在歌曲之中，仿佛泡在水里纳凉，抑或像从水里露出脑袋呼吸。我沉浸在环境之中，那环境极其性感，充满了身体感觉，并洋溢着浓郁的情感，这和我的文学研究截然相反，也和预备班一动不动的冷板凳截然相反。抒情的声音中没有任何智力层面的东西，一切都是情感与振动。那是肉体的愉悦，是气息的惬意，也是声音的快乐。

诗人这样写道："真正地歌唱，啊！那是另一股气息。一股围绕着虚无的气息。是奔向上帝的飞翔。是一阵风。"[60] 无论什么音乐风格，歌曲都会产生强烈的情感。从爵士乐或布鲁斯嘶哑的呻吟到古典音乐闪闪发光的清脆高音，声音涵盖了应用音域、音色及强度。歌曲是声音、情感传递及美的登峰造极之物，这不仅仅是因为它将音乐与字词联系在一起，还有一个与之相矛盾的理由，那就是歌曲能够改变字词的形式，使呐喊得到升华，用嘶哑的低音或激动人心的高音揭露内心最深处的情感。

抒情歌曲使处于极端的声音松弛下来。仅20毫米的"声音褶"却覆盖了整个乐队，且其振动直抵观众内心。从低音到超高音，无须人工扩大，声音回荡在整个剧院，那阵势宛如高水平运动员的丰功伟绩。狂热的爱好者们对能以身体为乐器的歌者迷恋得神魂颠倒。在这自我超越中，声音将人类情感表达得淋漓尽致。声音的振动紧张强烈，充满活力，它用颤抖深深地打动着听众，直至令他们昏厥过去，不省人事。研究人员米歇尔·普瓦这样自问道："难道歌剧不是'我们的社会文化偏见……准许人任由泪水恣意流淌的为数不多的场合之一'[61]吗？"抒情歌曲令痴迷者深受感动，并让这快乐与痛苦之间的情感萦绕在心头。

"女歌唱家的声音就像她所呼吸的空气一样，变成了她生命中不可或缺的东西。"[62]鲁道夫·德·戈尔兹男爵隐匿于一个围着铁栅栏的房子里，观看了拉斯蒂拉的所有演出。拉斯蒂拉的声音纯洁，"饱含各种变化，那难以言表的魅力，那温和的转调……如此完美地再现了温情的腔调和最强有力的内心感情"[63]，"她的灵魂似乎透过双唇蒸馏出来"[64]。他并不是唯一一为这声音神魂颠倒的人。拉斯蒂拉猝死在舞台上，而她的未婚夫弗朗兹·德·戴雷克则陶醉在她的歌声中，仿佛呼吸着香气，丧失了理智。这声音是他们的麻醉剂。男爵用科学家奥尔法尼克的发明秘密地录制了女歌唱家的演唱。他如获至宝，把自己关在阴森森的喀尔巴阡城堡里，一个人一遍又一遍地听录音。当一颗子弹摧毁了那个装着他如此喜爱的声音的魔盒时，他大声叫嚷道："她的声音……她的声音！……她的灵魂……拉斯蒂拉的灵魂……她碎了……碎了……碎了！……"然后他勃然大怒，奔跑起来："她的声音……她的声音！……他们击碎了她的声音！……他们太可恶了！"[65]

俄耳甫斯用优美的琴声打动了冥府。迷人的声音令人心醉神迷，诱惑着男人，令他们迷失自我。那声音来自遥远的地方，抵达伊塔罗·卡尔维诺"倾听的国王"的耳朵。[66]皇宫就像一个巨大的耳朵，一个贝壳。全国人民的声音都涌向国王的宝座，而国王却没有走下他的宝座。他用听觉统治国家。靴子的踢踏声、步枪的射击声、游客的脚步声、厨房的烹饪声，这一切的一切都在向他讲述着他的城市里发生的大事小情。为了保住王位，他连最微小的窃窃私语声也不放过。对他而言，声音变成了标志，变成了脱离肉体的信息，变成了阿谀奉承的虚情假意。然而，在夜晚的寂静中，一个女人的歌声徐徐升起，和他所听到的其他所有歌声不同，这歌声令他想到身体。骤然吸引他的，是"有血有肉的喉咙的振动。那声音意味着：一个有喉咙、胸廓、感情的人，生机勃勃，向空中发出了这不同于其他所有声音的声音。为发出这声音，动用了小舌头、唾液、童年、历经生活的色泽、精神意愿、赋予声带以愉悦"[67]。这声音中深深打动他的，是那个他永远见不到的有血有肉的女人。这就是人类声音的威力：通过渐趋消失的振动，重塑了一个身体，声音中承载着身体的所有秘密。所有乐器都试图再现这声音，然而均是徒劳；没有任何一件乐器具有这声音的血肉与生命力，遑论字词。声音是个魔法师。

话语所表达出来的声音也是魔法师。男性似乎对女性歌唱的声音心醉神迷，而女性则通常被男人说话的声音深深吸引：这一点着实令人感到吃惊。似乎男女两性并不通过相同方式表达振动所带来的感官愉悦。我依然记得一位我喜欢的神父的声音变化，他的声音宛若大提琴独奏曲，回荡在巴黎圣母院。他的声音沙哑而低沉，饱含着他所有的热情在振动。我不是教徒，以职业音乐家的身份在那里聆听的我被这老者深深打动。他的声音饱含着他的信仰，热情洋溢、真诚可靠。

虽然声音迷惑着听众，但它也可能令人作呕。《不能承受的生命之轻》中特丽莎就遭遇过这种情况。她情人的声音那样没有礼貌，使她对他完全没有了丝毫眷恋。做爱后她来到浴室，听见他远远地跟她说话。听着这又尖又细，完全没有任何肉欲的音色，她吃惊于自己竟然从未注意到这一点。魅力戛然而止。她离开了。一个温暖动人的声音本足以改变她的命运。"特丽莎知道，爱情诞生的瞬间就像极了这情形：女人无法抗拒呼唤她那痛苦的灵魂的声音；男人无法抗拒用灵魂倾听他声音的女人。" [68]

所有人都可以唱歌

"你唱错了，你放录音吧，别打扰别人就行了！"多少人从童年起就遭到不称职的学校老师或音乐教师的痛斥，结果一生都保留着这个错误的想法：不用邻居抛来愤怒的眼神，他们也永远不能唱歌。他们被打上了耻辱的印记，被宣判永远默不作声……他们的老师才应该永远沉默，因为他们无知！真是令人痛心疾首！

遗憾的是，克里斯托夫·巴拉蒂的电影《放牛班的春天》却以影像的方式让这个错误永远留在了人们的记忆里，让这种信仰更加根深蒂固地锚定在公众想象中：如果唱得不对，就一辈子也唱不对。第二次世界大战后，杰拉尔·朱诺，又名克雷芒·马修，一名无业音乐教师，接受了在一家未成年人再教育住宿学校担纲学监的邀请。他决定为这些好动的男孩子组建一个合唱团。在一个标志性场景中，他挨个听孩子们唱歌。孩子们唱了几首流行歌曲，有的粗俗下流，有的充满爱国热忱。他根据这几首歌，给他们划分了在合唱团中的应用音域和位置。他的方法已经很正统了，而且简便迅速——再也没有比划分声音更棘手的事了——但该场景的愚蠢行为在可怜的高邦从第一次排练起就遭遇的不公平中达到了顶点。高邦唱不出老师给他的"do"音，老师甩了这样一个决定性的宣判："你当乐谱架吧！"于是，小伙子被判处不能唱歌，而且要在乐队指挥前面端着打开的乐谱，永远地被剥夺了歌唱的欢乐。影片的剩余部分，他都在扮演这个角色，在排练期间，或是演出过程中，或者摇动风琴曲柄时，他一试图开口和其他孩子一起唱歌，就会受到侮辱，而他是那么渴望歌唱。然而，他本该能够学唱歌。

是的，除非被确认且明示有身体疾病，否则所有人都可以唱歌，而且唱得正确。即使善良的仙女俯身靠在摇篮上时忘记了赐予我们这一天赋，只要勤学苦练也足够了。不是任何人都一定有天赋，但只要花时间勤奋练习，我们都能达到一定的水平，也不必非要实现专业成就。有些孩子第一次拿起网球拍时就能够做出规范动作——球打出去了。而有的孩子恰恰相反，让人感觉就像他们手里握着个平底锅一样。但是，只要有意愿，肯坚持，没有天分的孩子有时也能超过有天分的孩子。发声动作也如此。

不是所有人都有同样的运动天赋，不是所有人都有同样的歌唱天赋。对此，我在我的三个孩子身上做过实验。我和孩子的父亲都是歌唱家。我的大女儿很小的时候一直唱不准。她既记不住曲调，也没有节奏感，但她总是非常愉快地歌唱。我还记得有一天，她和着节拍器拉大提琴，她根本就跟不上节拍器的节奏。他弟弟则节奏感极强，在她肩膀上打拍子，而她对那频率全然不懂。弟弟虽然声音略微嘶哑，但唱得非常正确。我的小女儿则甚至在会说话前就能随着节奏正确唱歌了。她一个字也说不出来，而且由于患了浆液性耳炎，有百分之四十的听力缺陷，尽管如此，她还是不停地唱。然而，三个孩子都生活在相同的音乐环境里。我怀大女儿期间甚至唱得更多，她还是个婴儿的时候，我带她去排练和演唱会现场的次数比另外两个多。虽然，她唱得不准确，没有节奏，但十分快乐，没有丝毫难为情，因为她的声音中有美妙的高音和豪华的音色。通过刻苦努力，她慢慢能够找到节奏感，尤其是能够绝对正确、毫不迟疑地歌唱。

这个被普遍接受的观点——如果唱得不对，就一辈子也唱不对——是许多痛苦的源泉。我还记得我外公 80 岁的时候经常跟我说：如果只能许唯一的一个愿望改变过去的人生，他请求能够正确地唱歌。对此，我心里感到莫大的震惊。他一生命运多舛，曾经历过战争，曾在一个并不宽容的时代经历一次痛苦的离婚，特别是经历过他年仅两岁的儿子的亡故……然而他不止一次地说，最令他沮丧的，竟然是他不能从头到尾哼唱出一首简单的歌曲。他是虔诚的新教徒，每个周日都在教堂里坚定果敢地引吭高歌，颂扬上帝的荣光。这妨碍了坐在他旁边的人，特别是他这样歌唱的代价是要极度谦卑，还要遭受正直的教民们毫不吝啬地抛给他的愤怒的目光。我在他的生活中出现得太晚，无法让他相信可以改变这一状况，而这样的改变几乎在任何年龄段都可以实现。

我曾经让一位已经退休的老先生练习唱歌，这件事对这一点予以了证实。有一天，我指导下的一个业余合唱团演出结束后，一位男士过来向我祝贺。他留着漂亮的白胡子，样子十分威严，自我介绍说是一位狂热的歌剧爱好者，也是我们合唱团一个成员的朋友。整个合唱团都是业余爱好者，而且我们男声不足。我建议他来参加我们的下次排练。他露出痛苦的表情，用低沉的、富有戏剧效果的声音答复我说："哎，我唱不好……"他停下来，欲言又止，并不期待任何回应。然而，一言既出，驷马难追。我立即回复他说，所有人都能唱好……他用抱歉的眼神看着我，又离开了。我从那眼神中读到的歉意多于怀疑。

三个月后，在我已经把他忘得一干二净时，他接受了我的建议，想上歌唱课。彼时我已经不再讲课，但我觉得必须要欢迎他的到来。他来见了我一面，并且，除了歌曲中有一处跑调外，他唱得都很好。上了一年半的每周一次的课程后，他参加了合唱团，为我们带来了庄重沉稳的男低音。

第一阶段的练习是训练耳朵。他应该自主学习，且有能力自己说出唱得好还是不好。如果唱得不好，能够改正过来。我在他旁边说一个音符，他要将其唱出来，如果他认为唱得对，就举手。相反，他就要试图调整，直到唱出来的音符与我的振动一致，并稳定下来，而且他也意识到了这一点。我需要有足够的耐心，他也是。但是他学会了聆听和听懂，就像可以学会遵循裸眼按照比例画画一样。一般说来，人们认为，那些唱得不好的人是像胡子先生那样耳朵有问题。而实际上这种情况相当罕见。大部分唱得不好的人都有能力把一个音符正确地再唱出来，并且通常也能意识到自己的声音什么时候跑调。

最容易重复出现的问题是一个声音舒适度的问题，而胡子先生不但有耳朵的问题，也有声音舒适度的问题。这就需要技术干预了。

我们通常说的是四度（四个组合音符）。这是我们的习惯区和舒适区。最微不足道的歌曲也需要突出这四度。如果一首歌剧歌曲可以轻松地跨过两个八度（十五个组合音符），那么一首简单的《在月光下》则可延伸到六度（六个组合音符）。有些人唱歌时可以跨越三个八度。我们日常说话时有那么多不认识且未曾用过的声音，我们的肌肉没有发出这些声音的习惯。所以，唱歌等于是在未曾适应逐渐变得灵活的情况下，骤然尝试大跨度音，因而对肌肉撕裂的担心在所难免。

通常，就是这不舒服、不自然，让没有经验的歌手出了岔子。如果歌曲不在歌手舒适区的音调内，他会直接唱错。只要初始音符在歌手的舒适区内，他一开始就能唱好。但是，音符刚一离开歌手的说话应用音域，他就会跑调，也就是说唱成了别的音符——这样就能在靠近其说话声音的习惯和舒适音区内，演唱歌曲的剩余部分。在同一首歌曲的歌唱过程中，这种情况反复出现，需要多少次就反复多少次，这可以令歌曲面目全非！唱歌的人却浑然不知自己唱跑调了。声音就像火车一样运行：上下坡时如果坡度太大，它就会选择变换铁轨，以回到平地上来。

耳朵和身体拒绝接受未曾听过的音，拒绝接受未知的感觉，拒绝接受从未听过的东西。唱出正确的音符时，嗓子本能地感到不舒服。这样的不舒服可能是身体上的不舒服：喉咙绷紧，肌肉拉紧，以发出不习惯的音。也可能是心理上和听觉上的不舒服：新歌手完全意识不到发出这些奇怪异常的声音有多不舒服。由于这些声音比其日常声音高或者低，所以歌手会不由自主地拒绝演唱这些音。所以他会恢复那些自己习以为常、安全又让人放心的音。

所有歌手都应该接受"制造噪声"。害怕会导致"唱错"。新手犹豫不决，不敢充分使用自己的声音，缺少自信也会导致他唱出来的是他所怀疑的错音。

我们与胡子先生练习了声音技巧，以扩展他的舒适区。他的声音特别低沉，起初只在唱低于乐谱要求的一个八度时觉得轻松……为了让耳朵和喉咙彼此熟悉，他进行了气息练习、颈部和上下颌肌肉放松练习、正确肌肉刺激、不常见音符的研究、各种各样的练声、对全部曲目的训练……他这样快乐地排练了几个月，然后与合唱团一起参加演出。此前的六十多年间，他一直以为自己永远唱不好。

唱得不好的第三个原因是没有音乐记忆。但是就如同所有记忆问题一样，这只是训练的问题！幸好胡子先生对旋律和节奏的记忆能力不凡。他是狂热的歌剧爱好者，他对分句和风格的感觉甚至比天生唱得好的业余歌手还要敏锐。

当然，越早开始训练，就越容易采用正确的反应——身体更柔韧，反应更敏捷，更易于调节。不要再增加抒情技巧了，以免破坏"乐器"。不过，我们可以在任何年龄开始学习音乐和歌唱。

至少所有人都可以唱得正确，这并不意味着唱得好听，二者经常会混淆。我曾经有机会让一个天生患有严重耳聋的8岁小女孩练习唱歌，她的"工具"几乎帮不上什么忙。她热爱唱歌，很快就学会了正确地歌唱。她唱得并不好听，但是唱得正确。她像海伦·凯勒感知振动学习说话那样感知振动。可以客观地说，她唱得正确，但并不好听。很多人深信自己唱得不对，当然，也确实是拙劣的歌手，几乎不会分句，音色平平，堪称刺耳……但是严格地说，不能说他们唱得不正确。我们的声音词汇和音乐词汇过于贫穷，无法做到精确。除了正确之外，好听还与声音的丰富谐波和音乐类型有关，也与作者的情感、美学及文化的敏感度密切相关。

通过动作使音调变化

初学唱歌的人很难控制自己不做那些能让人看出其运用了声音技巧的动作。他的手随着呼气和吸气空洞地比画着，勾勒出音符的高度和长度。他的脸看起来十分做作，动作僵硬，不擅挪动……他应该学会将姿势、移动、手势与发声和旋律、节奏曲线区分开来。演说家就不用考虑音乐方面的强制要求。他一边说话一边创建自己的乐谱，他的口才与身体密切相关。西塞罗说，面部表情和肢体语言具有声音口才的性质。"与话语相一致、并使演讲更有威望的动作和某个面部表情被称为身体动作。"[69] 手势与发声密切相关。所有音调变化都借助于手势完成——恰恰由于这个原因，歌手受到夸张动作的束缚，真可怜……我们还是回到话语上来。在完全放松状态下，我们一边说话一边张开双臂表达想法，面部表情丰富，与节奏变化和声音变化同步……

我曾经在公共汽车候车亭里听一位女士给一位游客指路：

"您走左边第一条街，"

她一边说着一边伸出了胳膊。

"然后……"

她想了想，胳膊还停在半空中，手漫无目的地晃来晃去。

"然后走右边第二条街。"

她的前臂转了个直角悬在空中，用手指比画着。

"就在……后，"

她的手模糊地比画着什么。

"……花店。"

……

"明白了吗？"

她张开手掌，朝游客伸过去，眉毛略微抬起，露出疑问的表情。

她使用了各种各样的肢体语言，胳膊一直呈直角状态。她看了看游客，变换了声音，用肢体语言发出咔咔的声音。这些反应虽然是再自然不过的事，但在紧张状态下却消失了。比如在公众面前竟然连本能的动作都做不出来。我们突然意识到，我们虽然有胳膊和手，却不会用了。身体僵硬，声音也僵硬。

幸运的是，如果天性消失了，技术可以予以弥补。但有一个前提：训练自己什么都不做，并注意到自己的身体。可以在任何场所练习：电梯间、电影院的队伍中、商店。站在地面上，胳膊沿身体自然下垂放松，什么也不要做。放心吧，这个姿势不会持续很久，但它是先决条件。

然后，在听众面前，心里一直默念这个咒语："一句话，一个动作。"双手放在上半身，一直放在上半身位置。

第一步：站在地上，手臂放松，保持镇静，看着公众，面带微笑。

第二步：保持微笑，将双手再放回到上半身，做一个打开的小动作，说出第一句话："你好。"

第三步：保持姿势。

第四步：一边变换动作一边说话。

保持姿势？对，演员就这么做。要强迫自己这样做。慢慢地，舒适和天性就会回来。当我们感觉自在时，保持姿势的时间比在公众面前感觉紧张的时间长很多。回想一下公共汽车候车亭里面对游客的那位女士。越是感觉不自在，越应该站在地上保持平衡，重新在双脚上分配重量。越是主动做幅度大而且镇静沉着的动作，越能让更多焦虑消失。如果动作模糊不清，声音也会变得不顺畅。如果动作一片混乱，声音也相应会变得犹豫不决或速度加快。我们一感觉到紧张，就只会做动作，然后再修改草稿，同时尽快回到让人心安的中立状态，但应尽量避免出现这种状态。所以，忘掉那些以自我为中心的动作，那些虽然让人心安却也十分惹人注目的动作：搓揉双手、摆弄指环或纽扣、手表……或者挖鼻孔！不要像尴尬的裸体主义者或足球运动员罚点球时那样，两手合拢放在下体前；不要像独臂人那样，双手放在背后；也不要像牛仔那样，双手放在髋部、皮带上或衣兜里。所有这些姿势都让人心安，但同时也暴露了我们的不自在，实际上，会令我们愈发窘迫。

我建议您现在放下这本书，试着从技术角度做一些身体动作，比如一切顺利时不假思索就做的动作。每做一个动作，都大声说话，先不动地方，胳膊顺着身体下垂，然后再一边做动作一边说话。注意体会声音变化。是不是抑扬顿挫的声音随着做动作而更明显了？而语调也变得更有深意且更可靠了吧？

"这真的非常重要……"动作能够突出重点。手掌边缘往下或朝说话对象略微动一下，可以加强语气。

"这是一次令人难以置信的经历！"动作具有描述性，在空间勾勒着话语的轮廓：两只手划一个大圈；"不过是一个小步骤"，双手靠近；"一个渐进的过程"，一只手比划向上的动作。

有些标志性动作早已经约定俗成，随着文化的不同而变化。竖起大拇指表示"真棒"；大拇指向下表示批评；摇手表示"哎呀"；转动并摆动手表示"一般般"。食指放在太阳穴上，表示"他疯了"；手指交叉表示揭穿谎言……

我们再来说说其他手势。食指和中指与大拇指并拢，表示强调准确度："这确实就是问题所在。"用手指比划着数数："第一……第二……"，或者用手确定我们所谈论的事物空间中的位置，好像在面前排列我们所列举的各种要素。用确定的动作把第一个理由放在左边，第二个理由放在右边。或者，把美国放在左边，中国放在右边，西班牙放在面前……用一只手或两只手比划，也不用看。

要想使声音的音调变得更好，就变换动作，开阔、镇静、大幅度的动作。多做一会儿动作，比我们认为必要的时间长一会儿，直到把所有动作都做完。让直到指尖的每一处都处于振奋状态，让直到唇角的每一处都富有表现力，让直到指尖的每一处都说话。

眼睛操控声音

声音与眼睛一样，被称作心灵的窗户。眼中的光芒或音色的变化透露了陡然而至的激动，它们都能让人看到我们的内心。然而，它们之间不仅仅是平行关系，更有着密切而错综复杂的关联。

那位女士给游客指路时，看着他，真的在跟他说话。她把整个身体都调动起来以达到目的：让他听懂并到达目的地。眼神和与人沟通的真正意愿是对声音最好的支持——甚至排在呼吸训练或声音技巧训练之前。

如果要在一片漆黑里跟人说话，几乎很难让声音表达细微的差别。当说话对象离我们只有几厘米远时，我们却大喊大叫地说话；或者与之相反，由于身处黑暗而恐惧不安，我们小声咕哝，结果谁也听不见。说话对象是我们声音的测量器：既测量音量，也测量发音。我们关注说话对象，关注他对我们信息的感知情况，来调整我们的咬字发音。您可以观察一下说话声音过低或过高的人：他们的眼神若不是游离在空中荒无人烟的模糊地带，就是全神贯注地看着脚、地板或天花板。思考和犹豫的时候，视觉接触被切断了。声音不再有要到达的目的地，而仅仅是为了寻找孤独感而已。盲人发声就像电台发声一样，不用考虑可能会有信息接收方在场。在我们看来，舒适的内部振动总是远远不够。

　　在真实的沟通中，我们非常在乎距离和说话对象，寻找回应——眼神一瞥、点一下头——并根据对方的反馈随机应变。没有眼神交流的声音切断了与意图和功能的联系。声音也不再有音调的变化。如果我们看着说话对象或者公众的眼睛，声音就会知道它的目的是让对方听到，不仅通过身体的振动听到，而且还通过信息领会。让话语产生影响和意义的意愿赋予声音生命。我们不是在公众面前说话，而是向公众说话，有这样的认识，会改变一切。

沉默

沉默让人心生恐惧。然而，它是声音及音乐不可或缺的一部分。不存在没有期限、没有节奏、没有断句的声音；不存在没有沉默的声音。沉默是字词的连贯、相继说出、拖长或拥挤的方式，让发音具有鲜明特征。声音通过节奏音乐变成语言。韵律诗带着或快或慢的节奏、断句及时登上舞台。有的节奏变化多端，有的单调枯燥，有的令人翩翩起舞，有的断断续续，有的优柔寡断……长韵律诗与短韵律诗交替出现，使字词之间、字词的连贯和犹豫都匀称得当。

眼神使沉默得以与声音相结合。有了沉默，损害演说的"呃……"就消失殆尽了。没有人为了向某人说出好听而真诚的"呃……"而一直盯着他的眼睛。我们总是在被打断时才会突然说"呃……"。当思维在大脑的蜿蜒曲折间徘徊，以寻找一个想法或一个词时，这腹鸣告诉听众我们还没说完。由于不保持视觉联系，我们无意识地保持着声音建立起来的联系。消除这些诸如末尾音节拖长的拟声词的唯一方法就是闭嘴，看着对方，留下悬念。沉默不再是"空白"，也不再是"空洞"，而是变成了"丰盈"。生命的丰盈，色彩的饱满，它暗示着诸多内容：询问、瞳孔强度、用手势模仿、动作。它们被无声的台词填满，一个来自内心的小小声音说着那台词："你知道什么……令人难以置信，是不是？你懂了吗……？等一等，还没完……"它们变成了充满意义的时刻，变成了一致，而非缺失。

在《海的沉默》里，德国官员的声音从讲述者和他侄女那"厚重而平静"的沉默深处徐徐升起。"十分沉闷，不响亮。语调很轻，只在硬辅音上有所突出。整体就像一种易于歌唱的嗡嗡声……他说了几句话，有的被沉默打破，有的与祷告单调地连接在一起。"[70]沉默既是结构，声音在上面浮现出来；也是内容，声音与之纠缠在一起。它还与声音一样丰富，有时甚至比声音还丰盈、还富有表现力。最后一晚，当失望的军官回到巴黎时，"沉默再次降临。再一次，然而，这一次，又多了多少晦涩，多少紧张！诚然，在昔日的沉默下，就如同在海水的平静表面下，动物们在海里混战厮杀——我清晰地感受到海底生活充斥着隐藏的情感、欲望与思想。这些情感、欲望与思想彼此排斥，也相互争斗。而在这沉默之下，却只有恐怖的压抑……终于，声音打破了这沉默"。[71]

沉默使演说扎根，并参与它的组成。由于每节中的每一段都与另外一段不同，沉默突出了一个观点到另一个观点的过渡。沉默是我们口头上添加的标点符号：逗号、分号、句号、最后一个句号。它给我们时间对后面的内容进行思考；对说话对象进行思考，领会刚刚说过的话。如果在一个词面前沉默，对该词可起到强调作用。沉默使得听众提前做出努力，因此可以在对话过程中变得积极主动，更好地倾听并记忆。如果在一个词后面沉默，则起到对该词的进一步说明作用，如果另外一个词紧紧跟在该词后面，则沉默使该词承载了它本来没有的重要性。沉默具有追溯既往的特征，并为其之前的话语填满意义。如果一个人在句末垂下眼睛，他也会随之自动降低声音；于是，声音在他面前软弱无力地变低了。我们的每届总统都是极其优秀的学生，虽然他们在新年祝词中使用、并过度使用沉默——并不是所有的沉默都能起到良好的作用。有些沉默空洞无物，可能只是提词器上的提示而已。听众会想象，此时总统在脑海里数着数："一、二、三，好，我完成了沉默！"另外一些沉默则富有生命力，充满了意义，并提出悬念。而我们在说话时要使用的，就是提出悬念。巴拉克·奥巴马在他的演说中经常适时断句，他所运用的沉默热情洋溢，极富表现力，扣人心弦。

无论是引申意义还是本义，每次沉默都是呼吸时刻。那就好好利用每次暂停呼吸吧。处于呼吸暂停状态也是对沉默的制约。窒息的感觉是即时的。所以我们更愿意在说话过程中插入"呃……"或者一些多余的词。至少，在发这些无用的音时，我们在继续呼气。因此，应该不惜一切代价避免出现呼吸暂停：当我们说话时，更随意地呼气，而在每次暂停时吸气，哪怕只通过横膈膜的主动运动呼出或吸入那么一点点气体。

现在来做个非常简单又有用的练习，来感知眼神以及它与声音的结合。只需训练一次，一次就可以变得灵活。实际上，任何情况下，都不建议用这个节奏说话，因为停顿太多了。这个"预备体操"让人能够在演说过程中体验并接受沉默、演讲词的不确定及暂停。然而，这个技巧一旦被采纳，就适用于即兴演讲，并让演讲者能够将沉默、悬念安置在我们印象中那些不确定的地方。更何况如果是我们非常熟悉但又不足以背下来的演讲词，这绝对是个卓越的非朗读技术。

拿着这本书或者一篇不熟悉的文章站在镜子前，充满自信地读文章，就像您对它非常熟悉一样，好似在讲一个故事。

脑海里默默闪过文章中的几个词。

沉默着与您自己的眼睛在镜中沟通一秒钟。您的眼神说："你准备好聆听我要对你说什么了吗？"

大声说出文章中您记住的那几个词，一直意味深长地看着自己的眼睛，想着您说的话，赋予其意义，信心满满。

仍然默默地在镜中与自己保持联系一秒钟。在心里说："你听见了吗？等等，还没说完呢！"

重复第一个步骤，用同样的方式继续说完文章的后续部分。

您可以和一个谈话对象或向公众做同样的练习，尤其不要试图记住全部句子，可在任何地方切断文章。即便在您觉得奇怪的地方插入顿挫，赋予文章意义的也是您的语调，就算您的声音听起来犹豫不决，您也不必在意，您已经有足够多时间去明白句子尚未结束，但是不要放无用的标点符号。

口头上，我们可以想在哪儿断开就在哪儿断开。

口头上，……我们可以想在哪儿断开就在哪儿断开。

口头上，我们……可以想在哪儿断开就在哪儿断开。

口头上，我们可以……想在哪儿断开就在哪儿断开。

口头上，我们可以想……在哪儿断开就在哪儿断开。

口头上，我们可以想在哪儿……断开就在哪儿断开。

口头上，我们可以想在哪儿断开……就在哪儿断开。

口头上，我们可以想在哪儿断开就在哪儿断开……

关系的声音

任何一种声音，如果知道自己正被国王倾听，都会变得冰冷起来，虽极尽殷勤，却十分冷漠。[72]

声音首先是一个人际关系工具。面对一个小孩子，我们蹲下身来，以跟他视线平齐。这是自发的身体协调。无论男人还是女人，直觉上都会采用比平时更尖更柔和的声音。因为我们采用孩子气十足的表达法，所以声音就显得更尖了："宝宝""喝水水""睡觉觉"……我们改变使用的字词、语调、音高，以便让孩子更好地接受我们，并去理解孩子的想法。我们本来就知道，温柔和尖锐的声音饱含着亲切和年轻。这样刻意的模仿在婴儿时期就已经存在了。孩子在八个月到两岁期间，独自通过游戏探索其嗓子的所有可能性，从低到高发音，在突然中止声音的游戏中乐此不疲。然而，刚一开始与大人互动，孩子便会减小发音跨度，似乎是想接近大人的发音。[73]

当有人大声讲话时，我们也本能地跟着提高声音；别人窃窃私语，我们也跟着窃窃私语；别人结结巴巴，我们也跟着结结巴巴；别人咳嗽，我们也跟着咳嗽。这种本能的同步，其原因在于镜像神经元。[74]神经元网络仅仅通过观察他人的行为，在我们的大脑里效仿执行。这样的反响既有驱动性，也充满感情。感知者的身体非常有潜力，时刻准备着与他所观察的人执行同样的动作，并感受与其相同的情感。镜像神经元以共情为基础，而共情是感知并理解他人情感的能力，这一能力尤其是通过声音的变化得以体现。

美国加利福尼亚州帕罗·奥图研究所的心理研究员们通过观察一些诸如米尔顿·埃里克森这样伟大的沟通者，发现那些伟大的沟通者们都自发地使其行为与其对话对象的行为相一致：同样的姿势、同样的沉着或同样的激动、同样的词汇，以及同样的话语节奏、语调。此外，他们还尽量与其说话对象使用相似的频率和音色。如果我们与说话对象有共情，那么我们会不假思索地与之协调一致。因此，小孩子一般都用妈妈或爸爸的语调说话。

我们更多的是根据地点和声音环境的不同而对声音做出改变。窃窃私语适于在教堂里使用。在顾客满堂的咖啡馆里或大街上，说话时应该底气十足且声音响亮，这样才能盖过鼎沸人声。所以，我喜欢根据空间观念而变化使用声音的方式。空间观念这一概念由爱德华·特维特切尔·霍尔[75]于1963年提出，该概念指出，将人们分开的距离确定了其关系类型，相反，与他人的紧张关系类型则导致彼此之间出现特殊的距离。他区分了四种距离，每一种关系都再细分为"近区"和"远区"。

想象一个安静的声音环境。

亲密距离在 0 至 15 厘米之间，是肌肤相触、耳鬓厮磨、徒手搏斗的距离。另外一个人就在身边，两人身体频繁接触，或者迫切地要接触对方。部分视线被遮挡，感觉强烈。不可避免地感知对方的气味、体温、呼吸的节奏和气息。能够在另一个人的肌肤上感觉到其气息，与其窃窃私语。声门下压力很小。声带在后部不完全贴合。声带微微打开，尚未转化成声音振动的一点空气通过。会感知到一个音色贫瘠而不纯粹的声音，夹杂着气息的味道。声音变得无足轻重，但这已经足够了。那是性爱的声音，是与孩子在沙发上温情爱抚的声音，是甜言蜜语和在耳边喃喃低语的亲密无间的声音。

但这个距离说话的气息有时候是个"诀窍"。有些艺术家们使用它类似窃窃私语的声色特点制造一种亲密无间的印象。若不用麦克风和扩音器，都听不到那窃窃私语，哪怕是唱出来的低声细语。声音会说谎，因为窃窃私语的强度是 20 分贝，超过 30 厘米以外应该就听不见了。但是他们想要的窃窃私语的效果达到了，我们听着艺术家们歌唱，仿佛他们就在我们旁边的房间里，仿佛他们袒露心扉，只唱给我们听。奥古斯塔·阿米埃尔 – 拉佩尔在他的日常生活片段集《野性的思维》中这样写道："在亲密聊天中，掩饰声音，就是揭露灵魂。"[76]

让我深感震撼的是，亲密无间是肉欲情爱时刻，但这一时刻的声音却脱离了肉体，摆脱了音色、肉欲，仿佛身体热烈而可感知的存在令声音不复存在。声音几乎总是讲述着身体、生命、情感，除了承载话语的意义，没有其他任何存在的理由。窃窃私语不仅没有了音色，还没有重音[77]——不可能赋予它某个音高，因为它自身即拥有所有音高。它也没有变化。它的音乐受到束缚，为此，也给予话语自由空间，取消了声音的所有动物性。

再远一点，在 15 至 45 厘米之间，这是远亲密距离，即家人的秘密距离。在这个宽广的气泡里，还是只有亲爱的人。依然能感觉到气息，说话时也是低声细语。音色柔和，且充满敬意。"你不认为该睡觉了吗……？"低声细语在窃窃私语的沉闷低哑和恢复正常的声音振动之间摇摆。但也不总是这样。

"妈妈，你看！"

"——嘘……不用喊！"

我们多少会有意告诉孩子们：别人是我们声音的测量仪，以便不让他们侵犯我们的耳膜。在这个私人区域内，声音肯定有影响。由于它对感知系统产生影响，所以具有侵略性。为了抵消它的影响，就要减轻声音的侵犯。

我丈夫的一个老姑妈有一个非常具有侵犯性的特征。不管认不认识跟她说话的人，她都会靠近对方，非常近，摸着他，然后在离他 20 厘米的地方自言自语，用温柔的秘密语调跟他没完没了地讲她亲爱的人的奇闻逸事。她用近距离的接触、声音的语调强迫别人接受她的亲密，即使是深深爱她的家庭成员都感到十分尴尬，都被这几近肉体的接触、不尊重他人隐私行为所困扰。如果别人往后退一步，她就跟着靠近一步，她并不知道在亲近关系方面没有通用的容忍标准。对于一些人来说，只要不触碰，就不存在亲密关系；而对于另外一些人来说，靠近他半米以内的地方，就已经是仅仅几个亲密的人才可僭越的距离了。这位姑妈的低声细语实际上是一种武器，要是离得远，根本听不到她在说什么。我们被迫听她的低语，且出于礼貌，不得不任由她侵犯我们的私密区域，进入她的私密区域。她的声音绑架了我们。

再向后退一步，就是亲近的距离，是友谊的距离——在45至75厘米之间。说话对象在身体动作可碰到的范围内。两人仍然可能相互触碰，但需要其中一方决定是否触碰对方。无须双方都同意：因为即便有一方不想有这种身体接触，却也无法避免。即便视野比亲密距离大，但眼睛还没有完全将对方收入视野范围内，依然可以感知到对方的体香。声音强度"正常"，约50分贝，音色柔润，变调灵活，正如大家一起做饭，在餐桌上面对面讨论问题，或参观展览时对绘画作品评头论足……

握手之交产生75厘米至1.2米之间的个人距离。只有当对方也想触碰并在对面伸出一只手臂时，才能触碰。眼睛将对方完全收入视野范围内。声音饱满响亮，被迫在空间里回响。"你好。""再见。"说话双方位于嗅觉极限处，避免让对方闻到气味。声音让对话双方建立联系，维持看不见的接触。声音穿过餐桌，在客厅的两个椅子之间展开对话，讲述、分享个人经历，快乐地从一个音区跳到另一个音区，终于又找到了所有声调变化的调色板。

工作关系的沉稳声音处于近社交距离范围，从 1.2 米至 2.1 米。相互接触需要双方共同努力和移动位置。视野范围包括人和部分装饰。声音变得更坚定。要想在对着的两张办公桌之间或窗口上方听到对方的声音，需要更丰富的谐波，更多呼气能量。声门下压力变大，发音充满活力。这是工作探讨区域。医生坐在办公桌前斩钉截铁地跟我们说话，整个房间里都能听见他的声音；可当谈及个人话题时，我们还是希望离他更近一点，希望他的声音更温柔一点。

我们当中的大部分人仅在远社交距离，即 2.1 米至 4.6 米之间用力说话，如脚搭在办公室门槛上，向同事打听事情，向窗口营业员询问信息等，都属于此种情况。在这种情况下，说话对象是周围环境的一部分，已经感知不到脸上隐秘的细节，也不能触摸。要让身体活跃起来，并试图发出很难保持自然声调变化的声音；声音有点不自然，声调比预期的要生硬，说话时间不长。声音不再在舒适区内。

近公众距离，在 3.6 米至 7.5 米之间，是参加会议的距离，是在一大桌人面前的距离。如面向小组、团队讲话，不再涉及个人。声音可达 60 分贝。这是公众声音。很想用麦克风，但情况又不允许……我们的声音要传到很远的地方，要让听众兴趣盎然，要持续久长。说话对象人数增加了；目光涵盖所有人，要依序逐个提问。我们从前一直以为对声音的运用驾轻就熟，现在说起话来却问题百出。

我们说点别的，聊一聊以分贝表示的声功率测量的复杂性。这是一个对数单位，表示声音相对于参考强度的力量。心理声学根据人耳对不同频率的敏感度使用不同的分贝系统。按照惯例，0分贝对应人耳2000至5000赫兹之间声音的探测阈值。这个频率范围的声音特别高，比如警报器。实际上我们不能根据音高感知相同强度的声音。弗莱彻-芒森曲线和新近出现的罗宾逊-达森曲线，使强度和频率交叉，并表示让我们对声音强度产生相同感觉的声音曲线：等响曲线，其计量单位为方。国际标准化组织今天使用的曲线指出，平均说来，频率为60赫兹、功率为60分贝的声音对人耳的影响等于1000赫兹40分贝（40方曲线）[78]声音的影响。因此，在35分贝下，男声的120赫兹刚刚能听得到，而童声的300赫兹却能被清晰感知到。

声音等级的感觉并不随着产生声音的能量功率呈直线型增加。分贝级别的对数概念意味着：当同一来源的数量增加一倍时（两个人喊出同样的声音），等级只增加3分贝。所以要想使十个人齐声喊出的同一声音等级感觉增加一倍，应使能量源功率增加十倍。因此，从近个人距离的声音过渡到近公众距离声音，即从50分贝过渡到60分贝时，增加的这10分贝意味着说话力量增加了两倍，这需要再增加十倍能量！如此，即可理解为何这样做很快就会疲惫。

那么，演出声音，即超过7.5米的远公众距离声音又意味着什么呢？声音被搬上舞台，且需要更有效的技术。抒情歌手的声音可达120分贝，超过了风镐的100分贝。演员背台词时，歌手唱歌时，再也没有了亲密无间的感觉；然而，永远是那同一个乐器在振动，只是它有着千万种变化而已。这乐器还有一千个秘密，因为窃窃私语就如同它的空白一样，在剧场里达到了非常好的效果，而这着实令人感到奇怪。

我们的声音游戏与空间观念或者一致，或者不一致。有些人或有意或无意地不根据情况调整自己的声音。我们的老姑妈喃喃低语，强行把别人拉进她所期望的亲密距离内。一个朋友的妻子，嗓子特别尖，有个令人讨厌的坏习惯：与朋友们共进晚餐时，她会像高音喇叭似的跟旁边的人说话，完全混淆了近个人距离和近公众距离。我们的每个意愿或没有意愿都可能会导致发出特别的声音，有时候会令听众感到不适。有些声音强加于人，并不把他人、距离和周围声音当作其发声力量的限制。然而，声音就是关系工具。

请给我画一个声音……

我们的声音虽然富于变化，但依然是我们个性的标志。许多银行都已开始使用声音生物统计特性确保电话支付安全。我们可能很快就要使用声音算法了。丰富的变化似乎形成了我们对声音认知的障碍，但得益于计算机学习能力的提高却变成了认知声音的力量。声音的物理特征和行为特征——例如语调、语速、时间、音节与字词之间的间隔——都被辨认出来并进行分类。计算机软件也分析它如何根据疲惫、感冒、喉咙发毛或衰老等不同情况而变化。所有这些特征的交织都使得声音的生物统计学非常可靠。而声音不仅仅是电话上的一个代码或一个指纹。

我们的大脑是个永不疲倦的计算器，可以本能地辨认出它熟悉的声音。声音没那么神秘吗？有词汇能体现这一点吗？

选择身边的一个声音，您如何能够向一个从未听过这声音的人描述它呢？找三个形容词……再找三个替代词。您自己的声音呢？您又如何描述它？不是那么简单的事，是吧？

我们以为对一个声音很熟悉，然而一旦想描述其特征时，却又词穷了。试图说明声音的四个科学标准——音值、音色、音高、功率——永远不足以勾勒出声音的轮廓。因为在声音中，带有意义和韵律学的文本与声音和情感亲密地纠缠在一起。在法语中，只有寥寥的几个形容词专门用来形容声音：嘶哑的、傲慢的、沙哑的、不重读的。其他一些形容词似乎也可专门用来形容声音：沉闷的、压低的、尖锐的、尖细的，但事实上这些形容词有时候被用来修饰其他名词。有几个词形容声音的音高：高音的、低音的、中音的；有几个词形容声音的强度：微弱的、听不见的、响亮的、强有力的、洪亮的。但这些形容词涉及各种各样的声音。由于声音能通过身体表达，所以可以用生理标志来描述声音：鼻音的、带鼻音的、喉音的、胸声、头声……用来形容声音的词汇似乎就这些。我们没有足够的词汇来分享听觉，只能迂回地表达似乎显而易见的东西。

于是，我们根据对不可触知事物的主观感知创造一件事物，再给它穿上隐喻的外衣。那隐喻有无穷无尽的变化，也在被无休无止地再创造。眼睛、舌头、手指对它的阐释远远优于耳朵。我们调动所有感觉，使用众多夸张且色彩强烈的表达手段讲述它、描绘它。那些形象如此熟悉，我们竟然忘记了它们其实就是它的形象。

声音往往占据着一些空间位置：或高、或平稳、或低沉、或深不可测；为自己赋予形状：或尖、或圆、或扁。声音带给人运动的感觉，仿佛身体能够触碰到它、感觉到它或被它所触碰。它包罗万象，温柔爱抚，有割断的坚决，有磨尖的锐利，充满凿穿的力量，像鞭子抽打，似刀子切割，它粗糙、干燥、刺耳。它被物化，于是僭取了物质的特征：水晶般清脆的嗓音、金属质感的嗓音、银子般透亮的嗓音、钢铁般坚硬的嗓音、丝绒般柔滑的嗓音、遮着薄纱般低哑的嗓音、棉絮般沉闷的嗓音、轻快自如的嗓音、面团般黏糊糊的嗓音、含着沙砾般粗糙的嗓音、像一堆石子般沙哑的嗓音、布满岩洞般低沉的嗓音、硫化物般凶恶的嗓音……声音就像这些物质一样转换，变得平淡、勉强、撕裂、破碎、微弱、嘶哑……

声音披着色彩与光线：白色、铜色或充满阳光，就可以色彩浓烈、晦暗无光、明媚灿烂、光芒万丈、昏暗阴沉或清晰明亮。卢梭甚至还用笔墨追忆了"年轻时代银铃般的嗓音"，来描述他那么喜爱的声音。[79] 声音已经涂上了苦涩或各种情感色彩，它通过"涂色"一词向视觉借用情感表达。它也采用温度来表达，仿佛能够被触摸得到——冷漠的声音、温暖的声音、炽热的声音、湿润的声音、干燥的声音；或者采用一种口味：尖酸的声音、有酸味的声音、发酸的声音、涩涩的声音、苦苦的声音、甜甜的声音、似蜜的声音、稠腻的声音、甘美的声音、油腻的声音、甜得腻人的声音……这口味变成了"声音膏"，可以品尝。

巴特这样写道："声音的种子难以描述（任何东西都难以描述），但我想我们不能给它下一个科学的定义，因为声音和听声音的人之间蕴含着一种诱惑关系。所以，声音可以被描述，但只能通过隐喻来描述。"[80] 他还回顾了他喜欢的一位女高音的声音："为了描述这个种子，我找到了一种蔬菜汁的图像，一种泛着珠光的振动图像……"[81] 是的，这图像具有纯粹的主观性。

再来想想我们的声音，想想我们亲人的声音……什么形象能最贴切地描述它们呢？

当身体感觉枯竭的时候，声音有时候表现为高贵的人物。它在神话中获取形象：斯滕托尔洪亮的声音、哈耳庇厄贪婪的声音、美人鱼迷人的声音；调动虚幻形象：卡斯塔菲欧蕾；或者想象中的形象：天使、魔鬼、巫婆；天使的声音、魔鬼的声音、冥间的声音、坟墓的声音、幽灵的声音。它向音乐界借用形象：阉人歌手、男低音、男中音、男高音、女高音、女中音、女低音。它与粗俗调情：酒鬼的声音、酒徒的声音、喝黑茶蔗子混合酒的人的声音、童男的声音、处女的声音……声音还经常与某种乐器密切相关：长笛婉转的声音和棘轮刺耳的声音。它可能看上去很像某种动物，当然像某种鸟：夜莺、山雀、乌鸦、小嘴乌鸦、虎皮鹦鹉、白尾海雕；有时候像不那么讨人喜欢的另一种动物：蝰蛇、蟾蜍，嘘嘘作响、颤颤巍巍、咩咩发抖……

所有这些超出词义的比喻均不足以描绘或领会声音。它不仅仅是一个音，更是发出声音之人的灵魂，也是听到声音之人的灵魂。我们对声音的描述总是在某一特定时刻，在只属于我们的某一参考系里，包含着我们所感受到的东西，它所揭示或者让我们对声音所有者想象到的东西，它所唤醒并传递给我们的东西。

一天早上，一位律师给我打电话，在那之前的几天，我在一次鸡尾酒会上见过她。她说她正在写一本关于法国政治的书，需要我的阐述。我们俩约了单独见面，她跟我解释说，她需要我向她描述国民联盟领导人玛丽娜·勒庞的声音。她想听到专业人士的观点，以确定不在谈论她时误用科技术语。在她热情洋溢地跟我表达了对玛丽娜·勒庞的认识之后，我明白了，她是想让我向她进一步肯定：极端右翼政党领导人的声音让人听起来不舒服、沙哑、咄咄逼人，总之就是让人难以忍受。我只好对她说，这样没有丝毫客观性可言。她大吃一惊，不明白怎么回事。这样描述玛丽娜·勒庞在她看来显而易见。她确信我们每个人都只能与她有同样的感觉。她并没有想到，她对玛丽娜·勒庞的政治憎恶会干扰她的领会，没有想到，对一种声音的感知不可避免地带有主观色彩。我小心翼翼地跟她解释，客观地说，我们也许可以这样表述，女政治家的音色沙哑，甚至略微嘶哑，甚至对于一位女性而言有些低沉，太有力量，声调变化太多，有时候发音中还略微夹带嘘嘘声。但另外一个人可能会觉得这些特点十分有趣，并将她描写为活力四射、热情洋溢、让人放心、魅力十足的人……虽然我赞成这位律师的政治倾向，但我不可能支持她关于女政治家声音的描述。所以她以后没再来过。

康德这样写道："愉悦他人的事物永远不会作为美学判断的基础。"我们对美的每一个判断都合情合理："因此，没有任何先验性的论据让人能够将喜好判断强加于人。"[82] 该理论特别适用于声音。声音无法估量，我们对声音的认知属于我们自己，完全是我们内心最深处的感受。音色或音调在唤醒我们的感觉和情感，而这样的感觉和情感并不被普遍认同。太多时候，我们用发出声音之人瞬间的情绪、情感或者性格特征来描述声音——矫揉造作的声音、如泣如诉的声音、怨声载道的声音、怀旧伤感的声音、欢乐快活的声音、活泼愉悦的声音、令人迷醉的声音、玩笑捉弄的声音、专横独裁的声音、哀叹催泪的声音、装腔作势的声音、尖酸刻薄的声音、轻蔑藐视的声音、憔悴无力的声音……或者用声音对我们产生的作用，用我们作为听众而有的个人印象和情感来描述它——十分动人的声音、令人出神的声音、妖媚诱惑的声音、魅力四射的声音、动人心弦的声音、令人气恼的声音、令人厌烦的声音、令人难以忍受的声音……

让·谷克多用非常个性化的方式讲述了他对马塞尔·普鲁斯特的声音所保留的印象。"那声音有时透着深沉的喜悦、有时颤抖羸弱，有时舒展辽阔。……那声音并非来自喉咙，而是来自内心。那声音里有未曾听闻的远方。就像腹语者的声音发自胸腔，我们感觉它来自灵魂。"[83] 这段描述中，没有任何事物让人能够想象到那声音客观地像什么。它是尖锐还是低沉沙哑，有力还是柔和，带着喘息还是清脆透亮……? 谷克多只告诉我们，那声音让他对他所喜爱的男人有怎样的坚信。

"话语一半属于说话者，一半属于倾听者。"[84] 蒙田这样写道。对话语的描述在其发出者和接收者之间飘荡，它本质上是主观的。为了搜集并尝试勾勒其轮廓，我们调动了所有感觉。

"描写声音注定是打不赢的赌。用风永远造不出石头。"[85] 用来讲述的声音不能被讲述出来。它是那捕捉不到的精灵。

为听而看还是不见而听？

由于有时候能看见说话的人，有时候看不见说话的人，所以我们听到声音和聆听别人说话的方式都不一样。毕达哥拉斯知道这个道理，他躲在帘子后面为其弟子上课，以便他们只把注意力集中在他说的话上。这是一种声学教学：不被看到，只被听见。我们看着发音的嘴唇，伴随声音的面部表情和动作，便有意识地赋予声音补充性迹象。对嘴唇嚅动的本能阅读可以辨读出一个听不见的词语；眨眼或手势可以否认中立语调的真实性；疲惫的脸色或忧伤的眼神可以抵销欢快的语调；每个音色都触动我们的耳朵，带着面部的丰满、面颊或头发的颜色、鹰钩鼻鲜明的线条、小号鼻子顽皮的线条、皱纹纤细的影子或瞳孔默契的光芒……恰如品尝葡萄酒的人，味蕾会受到杯子形状，酒的色泽、结构、透明度的影响，而闭上眼睛品酒时，则会用另外的方式给出高度赞赏。

听觉具有选择性，受视觉支配。我们所看到的东西可以完全改变所听到的东西。心理声学研究了听觉与视觉的复杂效应。比如当视力与听力相互干涉并产生感知幻觉时，就会产生"麦格克效应"[86]。1976 年，英国萨里大学教师阐释了这一效应，第一次麦格克效应展示体现了视觉对听觉的影响。一个被拍摄的人正在重复"ba ba ba"的音，我们看着视频，清楚地听到了"ba ba ba"的音，闭上眼睛也能清楚地听到"ba ba ba"的音。随后还是拍摄同一个人，但这一次，他发的是"ga ga ga"的音。然后，放映这段影像，并重复播放上次拍摄时的声音。我们的耳朵被视觉欺骗了，听到了"da da da"的音？！嘴唇嚅动不同寻常，扰乱了我们的认知。一闭上眼睛，就重新听到清楚的"ba"音。眼睛操控着耳朵，欺骗耳朵，而我们对此却完全无能为力。这是听觉错觉，它让我们得以想象，我们在对他人声音的认知中，多么依赖所看到的东西。当视觉与听觉发生矛盾时，视觉具有绝对优势。

也许就是由于这个原因，在现代世界，声音是图像的穷亲戚。当声音世界变得贫瘠时，就借助技术的力量提高像素，为眼睛提供更精确、更闪闪发光的图像。从乙烯基树脂唱片到MP3，还有刚刚过时的 CD，声音信息在压缩机制内经历着严厉的提纯。谐波被切断，频率被平均化，杂质被扫除。可是谁又对此有过丝毫怨言呢？我们绝大多数人甚至连想都不想，就都对耳机里非常差的音质感到心满意足——只要智能手机的图像令我们满意就行。声音在图像背后黯然失色，就好像声音被发出声音的身体隐藏起来了一样。

《探索》杂志的一位讲述者第一次与深爱的祖母分开，在电话里听到祖母的声音时顿然大悟。他深深思念着故乡，心里也充满了焦虑。他去了邮局，却错过了电话。他抓住木听筒，把耳朵贴在上面，却突然听到一个外国人在电话里大喊大叫，那个人停了下来，让人不禁想到小丑。他挂断电话，请求邮局员工，最后终于奇迹般地在听筒里听到了他祖母的声音。那声音向他展示了亲爱的祖母不为人知的一面。他也许突然感受到了她的脆弱、她的年龄以及令人意想不到的忧伤。

"片刻沉默过后，突然，我听见了那声音。我一直以为对它如此熟悉，然而我错了。因为，直至彼时，每次我祖母跟我聊天，我总是看着她脸上的表情，尤其是她的眼睛，领会她跟我说的话；但她的声音本身，我今天却是第一次听。这声音自从以一个整体形象出现，我便觉得它有了太大变化，它就这样独自来到我耳边，并没有伴随着面部表情。那一刻，我才发现，那声音多么温柔……它温柔，却又仿佛满是忧伤，首先是因为那声音里充满了几乎清晰可感的温柔，再加上很少有人类的声音曾如此温柔同时又充满了刚毅，包含着抗拒他人的所有因素。那声音又因溢满温情而显得十分脆弱，似乎随时都会碎裂，随时令人泪流满面，消失得无影无踪。其次是因为她是唯一在我身边、不戴面具的人，我有生以来第一次在她的声音中听出了悲伤，那在她的生命历程中曾将她打碎的悲伤。"[87]

没有面容，没有身体，声音可以完全被听见，或者更恰当地说，被看见。眼睛被迫放松持久警惕，让耳朵能够发挥其所有传感器的敏锐作用。声音的面罩滑落了。再没有任何需要察言观色的东西，一切都等待着被倾听，并等待着被声音重塑形象。

想象声音

我们根据形象创造了声音。有的声音就萦回在我们的身体里，而有时候却不为我们所知。

您给予丁丁和阿道克船长什么样的音色呢？当埃尔热的漫画集于 1959 年至 1964 年间第一次被拍成动画片搬上银幕时[88]，漫画中的人物突然具有了鲜活的生命。外貌并没有令人吃惊之处，动画片和漫画的笔法也仅有几处细节不同（例如杜邦兄弟的胡子形状一模一样，却并不合适），除此之外，笔法基本相同，但漫画的任何地方都没出现声音。在法语译制片中，乔治·普茹利赋予丁丁的音色，是对于男性而言年轻而高尖的音色，而当他喊白雪时，则用了轻男高音的音色，有时候使用假声，令声音显得清澈干净。罗贝尔·瓦捷夸大了他声音中老气横秋、鼻音和尖锐的一面，令向日葵教授的形象活灵活现。而让·克拉里厄，则放大了其声音中低沉的一面，使阿道克船长著名的粗话如雷轰鸣。这些声音突然出现时丝毫没有令我感到吃惊，它们完全贴合埃尔热所描画的人物外貌，并完成了隐藏在我们读者想象力之后的声音存在。

此外，后来，我发现这些配音演员们的外貌形象也非常有趣，依然没有丝毫令人吃惊之处。为法语译制片所选演员的外貌特征与主人公的外貌特征十分相近：丁丁三十多岁，金黄色头发；向日葵教授六十多岁，秃顶；阿道克年近半百，黑色毛发。仿佛仅有唯一的一个身体、唯一的一个视觉形象与一个声音、一个声音形象相对应。

把书拍成电影，向我们揭示了视觉和声音的双重形象。而这个双重形象就萦回在我们的身体里。我们在将本来的声音幻觉与在银幕上听到的声音幻觉分离开来的空间里，感受着我们自己的声音幻觉。确实，我通过大鼻子情圣意识到，我对既性感又辉煌的低音兴致浓郁，有时候，只有当热拉尔·德帕迪约甜得肉麻的声音霸占银幕时，我才对雷鸣般的低音感兴趣。"我并没有想象会是这样……"——我内心渺小而微弱的声音对此倍感失望，这样对我说着。

于连·索海尔、克莱夫王妃及高老头的声音是什么样呢？拿破仑或路易十四的音色又是什么样呢？我那身着军装、形象威武、令我童年时代的就餐时光弥漫着庄严肃穆氛围的祖父呢？他又有什么样的声音？我从未问过自己这样的问题。人们很少会想到人物形象的声音。[89]

内心的声音

　　"这是威士忌，是卑劣的东西！……酒！……这种烈酒会使动物堕落到人的行列！"[90]一只穿着蓝裙子的天使狗，在镶着小蓝花边和小红花边的对话框里，向白雪宣讲着什么是良好行为。对我们来说，只要有这些小花和一只在玫瑰色底上半闭着眼睛的天使狗，就足以听到甜美又有教训意义的声调变化了。于是白雪身体内那蓬头垢面的红色小魔鬼突然出现了。背景是黄色，它说的话被火焰包围着："然后呢？……酒这东西，好喝！这东西壮胆！"[91]我们立刻联想到刺耳的声音，比天使的声音低沉，非常沙哑，也许还带着些许粗俗的口音。那是我们内心的声音。

　　它们真的配叫声音吗？读到这些内容时，您是否在脑海里听到了一个声音？如果听到了，又是哪一个呢？那是您的声音

133

吗？它有音色吗？有节奏吗？有语调吗？

如果您默默地记住一个电话号码，您是否感知到一个挨着一个的数字之间蕴含的重复旋律和节奏？您能确定它们的音高吗？

现在在心里给"电话"这个词下个定义。发出这个词的内心深处的声音是什么样的？您能用马赛口音默默地重复这个定义吗？您能用您熟悉的某个人的语调再重复一遍吗？

今天，认知神经科学告诉我们，正如在心里给出一个定义一样，内心的言语使大脑听觉区、韦尼克区活跃起来。[92]第一个标志是：这些心里话将自愿地被某种"声音"说出来。但是听觉并不是无声话语中被激活的唯一感觉。像要发"O"音那样向前凸出双唇，保持嘴唇位置不变，想象正在发"M"音。您是否感觉到嘴唇轻轻地收缩了？

1885年，组织学专家和病理学家所罗门·斯特里克推荐了这一实验。他们由此推断出，内心深处的言语表达有多重感觉。[93]今天，科学研究证实，这一结果并非没有科学根据。实际上，安在脸上的传感器显示，内心深处深思熟虑时嘴唇和前额肌肉的活动增多。这些运动命令立刻受到了抑制，然而，这一活动迹象也体现了内心深处声音和洪亮声音之间的又一相似之处。但这足够将二者囊括在同一个词汇下吗？这些研究仅仅以内心深处自愿的话语为基础，并不能探索我们的思想，而我们的思想就如同白雪的天使们一样，不请自来。

别的声音未征求我们的允许，就在我们的脑壳下游来荡去。父亲去世近三十年后，我依然能够想起，某一天他的四个女儿都围在他身边，亲切地跟他开着玩笑，他喊道："我配不上这个！"我听见他的音调变化中杂糅着假意的疲惫和莫大的骄傲。但这是声音的影子，就像二分音符一样，声调的图画纯粹简洁，没有颜色，显而易见。我很快把回荡在我耳朵里的这句话与说出这句话的人联系起来。声音似乎瞬间得到了重生，但事实上，正如墨水在纸上晕染一样，音色从我的记忆里消失了。在针对"内心的语言"而定义的科技术语"内在的语言"[94]中，声音不再有真正的内容，不再有振动。它与洪亮嗓音之间的距离，就如同乐谱上的一个音乐片段与音乐会上的演奏一样，相去甚远。这是本体论的区别。

另外，在内心的语言中，甚至连字词似乎都消失了。1881年，心理学家和哲学家维克多·艾格尔这样写道："我们只要自己明白自己想要说什么就行了，所以，我们可以用非常低的声音、非常快的语速说话，不必说得很清楚，缩短句子，用符合我们风格的、更简单或更生动的词组或短语代替惯用的表达法，变换句子结构，用新词或从其他语言中借用的词丰富词汇。"[95]我们发明了一种只有我们自己能够听懂的隐蔽语言。

语言学家加布里埃尔·贝尔古纽于2001年明确指出："除了普遍使用省略连词和首语重复，以及过度表现谓词功能，内在的语言在语法及词汇方面似乎与明确的话语没有什么差别。"[96]我们内心的小声音抄了近路，过度使用没有动词的句子，不用关联词。由于它只跟自己说话，所以完全不需要解释、逻辑或过渡，省略号就足够了。"只有一两个人会活下来……我期望……一些讨人喜欢且身材匀称的小伙子，在将军身后，其他所有的小伙子都会像殖民者……像巴鲁斯……像巴纳耶……那样死去。"[97]——巴尔达姆在《暗夜漫游》中这样想。我们无声的话语经常借用男政客或女政客偏爱的修辞手段——首语重复。首语重复就是重复出现固定的语句,是一种带有强迫症性质的表达手段,也就是重复使用起首字词,赋予其各种变化。"有人给我们披上装饰物、花儿,我们从凯旋门下走过。我们进入餐馆,有人提供服务,还不要钱,我们什么都不用花钱了,一辈子也不用再花钱了!我们是英雄!发布通知时他们会说我们是英雄……祖国的捍卫者!这就够了!……我们用小法国国旗付款!……收银员甚至拒收英雄的钱,她甚至会给你们钱,我们从她的收银台前走过时,她还会为我们献吻。这一切都值得经历。"[98]

这就是内心的声音。没有了音色,是一连串的字词、节奏、声调。是说给自己的话,是纠缠我们的沉默的声音,是我们内心思想的声音,是曾经抚慰我们的声音。是智慧、道理、经验、疯狂、心灵……的隐喻的声音。我们私密又沉默的世界在众所周知与不为人知的声音中窸窣作响。

从前的声音，今天的声音

声音有时代特征，有时也会过时。我奶奶在弥留之际的声音令我颇受触动，那声音中包含着已然逝去的时代的变化。那声音十分优雅，有时候却夹杂着被遗忘的巴黎口音。有些字词拖着长腔，令人十分吃惊，或者在一句话中间突然唱了起来。她的音色嘶哑而深沉，令我想起战后噼啪作响的录音，录音的节奏慢慢吞吞，却忽然又加快了，有收紧的颤音，就像一个波，压缩在容纳它的极小空间里。声音总是在那里栖息，总是被一个小巧的铃铛轻轻触碰，仿佛电影原声带刚刚快速转动起来，仿佛这微不足道的加速足以略微提高频率。

只要听声音资料，就完全可以相信：声音有故事。时尚层出不穷，变化着节奏、强度、音高、重音以及音素的发音……

1912 年。德雷福斯朗读他的回忆录。[99] 他的鼻音很重，也很夸张，且歌且诵。他一口气用升调朗读了很长的句子片段，直到最后一个音节，变大、打开，洋溢着胜利的气息。随后语调又下降，直到句末，一发不可收拾，不可挽回。他用了重复的节奏朗读，除了气息末尾处之外，没有突出强调任何一个词。朗读语速特别快，而且固定，可以让人联想到说唱乐的语速。

1929 年，约瑟夫·卡约关于危机的演讲。我们可以将演讲内容重新誊写在一份乐谱上。疑问声调和降调相继而来。有些音节延长了："可能……"。在娴熟的配器演奏中，连奏部分被断音——断奏所代替。那一时期的记者说话语速快，但十分恰当，从来听不到呼吸的声音。当说到重要的内容时，他们加重语气，这与日常重音习惯有所不同。

1939 年。达拉第宣布进入战争状态。旋律极其单调。音调的变化十分适合歌唱，而且语调上升。节奏更慢，庄严肃穆。字词之间分割开来，顿挫有力，颇为夸张。

1940 年。在一个电视战争报道中，记者讲了一个故事。音乐的着重效果总是落在某些词语上。音调则体现连续报道发布者的强调意图。旋律与伴随节奏的形象脱节。

1954 年。阿尔伯特·加缪朗读《局外人》。他的声音比平日里的真实声音更低沉，显然是吸烟的结果。有的元音在喉咙处扩大，比今天的元音发得更长，更缓慢，但已经比过去几十年间的发音严谨得多。语调有点快，是朗读的语调，他似乎想极力摆脱这样的语调，尤其想保持中性。文末句号十分突出，节奏和音调变化都被重复使用。听着加缪的朗诵，可以感知德雷福斯的朗诵中俄罗斯群山的痕迹。呼吸迅速而轻微。声音在大众面前公开，嵌入一个中性枷锁中，抹去了自己所有的痕迹，把所有的位置都让给了文本。

1964年。马尔罗向让·穆兰致敬。他的声音也有很重的鼻音，朗诵时拉长了一些音节，音调十分夸张，且陈旧过时："抵抗——运动的首——领，受尽折磨……"他一个音节一个音节地读出选择的词语，更将最重要的字词推向高音。马尔罗的声音使文本听起来像是在歌唱，非常夸张，使情感逐渐在持续渐强的七分钟升高。相形之下，德雷福斯的声音真是朴实无华。

五月风暴。在法国，声音向现代性转向，从富有旋律的约定俗成中解放出来。无线电广播和电视播送的声音摆脱了人尽皆知的模子束缚，力求自然而然，音调变化平淡无奇，接近日常生活说话。

20世纪80年代。记者的语调与今天几乎没有什么差别，只是节奏更慢，且有的东西更"恰当"。他们的声音沉稳准确，没有丝毫犹豫，语调变化略多。无论是电视读报，还是广播读报，沉默依然存在。沉默的消失是声音当代性的首要标志。声音的当代性越来越青睐节奏、活力和抑扬顿挫。生气与活力代替了审慎与老练——要"搏动"。朗诵的语调最终被激昂的话语所取代。

21世纪。语调紧急迫切。记者气喘吁吁，憋着气，连贯地发出"呃……"音，说话时没有任何停顿，也没有任何变化能够让人听出他已经换了话题。前面报道某位受指控的部长离任，后面谈论多年以前的一起谋杀案，中间没有任何告知，就插入了对环法自行车赛的回顾，马上又突然抵达法国西南部地区感染患病的鹅群中间。两个词本来应该相继出现，它们之间随意的呼吸变得嘈杂而艰难。三十年前，这样的语速会被视为不礼貌，未经思考和没有自控能力。由于追随"连续的信息"这一时尚，人们说话时必须讲究节奏，必须接受这些像年轻而时尚的模特一样加速的声音。这些声音种类大幅增加，相互之间可以替换。让声音变得年轻比变得可靠更重要。低沉的语调让人放心，承载着经验与庄重，如今已让位于更高的语调。此外，如果重听法国自瓦莱里·吉斯卡尔·德斯坦以来历任总统的新年贺词，还会非常好奇地发现，尽管他们会在讲话中不合时宜地予以抑制，但他们的声音还是越来越高，语速越来越快。

还是21世纪，YouTube博主们边摇摇摆摆地或走或舞，边用不平常的宣告语调闲聊平常话题，发出轰隆隆的声音。"我——一——个——人——对——着——我——的——摄——像——头——说——话，——但——是——我——跟——你——说——话，仿——佛——我——认——识——你——一——样。"就是这样的语调。这个剪切——粘贴的语调融合在剪辑里，于是众多句子拼凑在一起。那些句子总是试图于上一句话所在处继续，却永远也不能真正做到。缝合是拼凑不可或缺的一部分，它并不处心积虑地让自己隐形。这样拼接的声音特征笨拙地模仿声音的本能，任由人看到它众所周知并被大众接受的人工合成特点。这不过是平淡无奇的首语重复语调，这不过是并非首语重复的句子语调，就像衬衫不再使用淀粉浆和立领一样，语调也从束缚它们的枷锁中释放出来。但是，微笑地倾听一种过时的声音时，别忘了我们的语调变化也与我们祖父母的语调变化一样约定俗成。我们摆脱了已经建立起来的惯例的束缚，又掉进了心照不宣的公约的陷阱。2019年穿运动鞋所体现的时尚，并不逊色于1919年留小胡子的时尚。

短暂的侵入

"Pam, Pam, Padam"，在法国所有火车站里，都能听到女性音色和着长音符号旋律弹奏的和弦，欢迎来来往往的过客，陪伴我们乘火车出行的所有旅程。法国国营铁路公司为自己设计了一个声音标志，我们只要听到这由四个小音符组成的鲜活的声音，就能重新体会到火车站台特有的纷乱熙攘。

进入巴黎地铁，巴黎大众运输公司员工的声音着重强调着我们的旅行，那些声音经过了精挑细选，赋予地铁站名称以鲜活的生命。那些女性的声音通常过高过尖或者过于温柔，被男性声音所承载的性感抵消了。有时候，令我们愉悦的音色会在书的两行文字之间或者在智能手机的两次单击之间，突然间让我们大吃一惊。然而，声音的系统性将它的主人转变为脱离肉体的机器人。地铁站的名字重复播报两遍，使用两个语调：先是开门时的语调，然后是关门时的语调，一个是即将到达的未来，一个是刚刚离去的死亡，让人猜测到站的距离。"巴士底……"，语调上扬成问号式，而那问号中巧妙地夹杂着省略号；"……巴士底"，然后语调再下降成低沉的声音和最后的句号，那是决定性的语调。音乐的意义显而易见，而且，当速度恰到好处时，音乐的作用发挥得淋漓尽致。第一种情况以歌唱形式呈现，乘客在这样的音乐声中收拾东西，准备站起身来；第二种情况则明确强调打开车门。有时候录音与现实情况不符，所以这种单调旋律的不协调节奏令我们觉得它非常讨厌。只有在恰当时刻播放关闭车门的内容时，才可以容忍中止第一遍报站。

还是在地下，有的通知内容更长，为我们提供了一个斑驳多变、丰富多彩的调色板，音色、音调变化和节奏尽在其中。听过一个极其礼貌的英国人纤细的女高音之后，意大利人深沉悦耳的低音萦绕在耳畔；日本人有光感的柔软婀娜而至；西班牙语的平直语调又将法语谨慎又性感的中性抹杀得了无痕迹。无论是提醒乘客注意火车与站台之间的距离、可能会有扒手，还是警告大家如果不注意可能会将行李落下，这些文本和播报文本的声音都完美无缺。精准、流畅、亲切、自然、清晰、明了。声音中没有烦冗的情感，甚至连微笑都没有。与司机或站长结结巴巴播报的临时通知相比，这形成了多么大的反差！司机或站长播报的通知听起来多么生硬，多么别扭！二者之间的巨大差距，就像明星被冒冒失失的新闻摄影师偷拍的照片与时尚杂志上摆拍精修后的照片的不同。这些声音经过录制、润色、重复、修改而变得完美，比真实声音更容易让人接受。它们在我们没有意识到的时候勾勒了一个声音理想，正如同强行让我们接受无法练就的模特身材一样。

除了围绕在我们身边的录音之外，我们每天还会遇到许多古怪荒诞的声音，但并没有太注意。九月一日，十四点零五分，巴黎的一条街道熙熙攘攘，人头攒动。在依然如夏日的阳光下，正在举行一项新的活动。这一天是一所国际学校提前返校的日子。我朝地铁站走去，没有在意街上的情况。突然，传来一阵阵欢呼声，我放慢了脚步，转过头去。在另一侧人行道上，两个金发女子正在互相打招呼，朝对方走过去，手里还牵着她们漫不经心的孩子。她们的声音又尖又高，带着鼻音，有些刺耳，就像闪电一样在空气里穿过。

"噢……！"

"——啊！"

"——你好吗？"

"你呢？！！！"

"见到你太高兴了！"

在巴黎的美国人，每句话语调都上扬，就像对同一声音的不断强化，这就像一套反射镜，将总是高出一个凹口的太阳光反射到自己身上。

几个小时的时间里，我们收集了各种音调变化：商人的问候、电话通话片段、乞丐哀怨的声音……我在地铁里经常遇见一个六十岁左右的女子，大老远就能听见她说话。她用极尖极尖的声音、用哭丧妇的样子，不间断地重复着她的旋律："行行好吧，我饿，我冷……您要是有一块钱买吃的……"那简直就是一支歌曲。人们抬起头来，试图在远处找到与这个奇特声音相符的身体。一个好心人给了她几角钱；她立刻停了下来，然后用漂亮的低音——比她翻来覆去那一套话低了不止一个八度——变换了一套语言，翻来覆去地说："谢谢你帮了我，愿上帝保佑你和你的家人！我爱你，谢谢。"她热烈的声音包围了我们。大家的眼神又写满了惊讶，目光都朝着慷慨的施舍者汇聚过去。施舍者有些局促不安，但被这为他而突然展露的音色深深感动了。她单调而忧郁的"歌曲"令我们心醉神迷。

　　黄昏时分，我们就像沿路采摘出乎意料的野花一样，带着一束声音回来。声音有的高有的低，有的可爱有的造作，有的活泼有的倦怠，但是转瞬即逝，其共鸣也消失得极快。采摘后的虞美人存活时间更长。有时候，有些回声留存在我们的内耳里，侵入我们的大脑，像一张有划痕的唱片一样转动，形成一个内环，而完全置我们的反对于不顾。汽车司机的高声辱骂冲击着我们的耳膜，折磨我们好几个小时。悦耳又含笑的问候照亮了整个白天。声调越是触动我们的情感，它的回声在我们心间驻留的时间就越长，并在我们耳朵里循环缭绕。有些声音令我们如痴如醉，有些声音令我们难以忍受，无论什么样的声音，都侵入了我们的大脑。说话的人把另一个人当作了人质。没有针对声音的保护，它无处不在。入侵者诞生于口中，它的声波向四周扩散，铺展开去。它像渗出的水一样汩汩流出，无法抑制。

　　而声音一旦被大声说出来，就不再属于它的主人了，这一点真是自相矛盾。声音刚一形成，便离开我们。与动作不同，它继续存在，不受我们的控制，也无法修复。声音一出来就定形了，不可能进行任何修改，这一点与书写或绘画不同。我们是声音的源泉，却无法将其挽回。"把话咽回去"这样的说法永远都不能成真。我们的声音发出回响，离开我们存活瞬间，然后又消失。它似命中注定，又如昙花一现。闭上眼睛是轻而易举的事，而我们的耳朵，却从来不曾休息过。

爸爸以前这样说话……

她的声音遥远，

安静而低沉，

她亲切的声音抑扬顿挫，

如今依然沉寂。[100]

　　声音属于现在。没有任何声音属于从前，也没有任何声音属于以后。它是被表达的瞬间，思想或情感的表露。沉默——声音——沉默。如果地点合适，也许顶多有个轻微的回声，否则就什么都没有，只有听者耳朵里的记忆。曾经存在过的已然不在，如果不运用录音技术，已故之人的声音将荡然无存。身体慢慢腐烂，这腐烂可以预见且不可避免，但是声音的突然消失没有任何预先通知。在死亡中，声音带着人们曾经爱着的人

147

的音乐消失殆尽，人们憧憬的是永远。巴特这样写道："造就
声音的东西，正是声音里令我心碎的东西。由于它注定要消亡
而令我撕心裂肺般痛苦。仿佛声音转瞬即逝，永远只能是一段
回忆而已。"[101]

我们保留着声音隐匿的痕迹。闭上眼睛，试图在心里重新
找到一个已故之人的声音。他的面庞依然浮现在眼前，但声音
却被我们遗忘了。我们觉得听觉记忆十分贫瘠，那曾经如此熟
悉的声音，我们如今却无法听见，无法描述。然而，在它从录
音中突然迸发出来的那一秒，是那么清晰明了。那一瞬间，逝
者回来了。从前，我们一直不知道，这声音就在那里，在某个
地方，整齐地摆在我们神秘的声音图书馆的书架上。

我的父亲去世二十八年了，现在看他的照片，对我来说是
一件非常熟悉的事。我的卧室里、我母亲的卧室里、我祖母的
卧室里、我姐妹们的卧室里都有一张父亲的照片。我的目光最
后总是在照片上掠过，却没有最初的情感涌上心头。但是，只
要一个被爱之人声音的录音回响起来，就足以让情感再次涌
现——这样的情形颇为罕见，也十分神奇。尽管父亲在南方度
过了半个世纪，他的口音却一直带有浓浓的香槟味，口音几乎
从未改变。对我而言，只要与这位普罗旺斯地区艾克斯大叔的
声音擦肩而过，就足以让模糊的记忆在脑海里浮现：啊，对，
爸爸以前就这样说话……

他那双臂离开身体的身形，他那习惯性的耸肩小动作，他
那布满皱纹且用力说话时全神贯注的双眼，再一次在看不见的
声音中呈现出来。一股热浪席卷了我，我不禁颤抖起来，回忆

如潮水般涌上心头。他突然出现了，我的眼睛被耳朵欺骗了，在房间里四下寻找他的影子，却只是枉然。我转过身来，搜寻已故父亲的身影，搜寻他的身体，那是与这声音相配的唯一的东西，那已然不在的身体，那未来也将不再存在的身体。

声音是这"身体性和短暂性、拥有与超脱的混合体"[102]。它像玛德琳蛋糕一样，泡在普鲁斯特的茶水或椴花茶里。它有着味道或气味特有的非物质性，并与味道与气味一样，像变魔术一样，令隐藏已久的记忆重新涌上心头。那记忆是如此遥远，仿佛从来未曾留存过。"气味和滋味却犹如灵魂一样，会在形状消失之后长期存在，即使人亡物毁，久远的往事了无痕迹，它们脆弱，却也更有生命力；即便更加让人捉摸不定，却也更加经久不散，更加忠贞不渝，它们仍然对依稀往事寄托着回忆和期待，它们以几乎无从辨认的蛛丝马迹，坚强地支撑起整座回忆的大厦。"[103]

一个声音需要一个身体。把正在逝去的名字写入这些如此明显却又如此著名的颜色和声调变化上，令人感到不适。但愿普鲁斯特原谅我变换他传奇作品中的几个词语。如果用"声音"一词代替"滋味"，他便可以将记忆力描写得出神入化。"在我的内心深处搏动着的，一定是形象，一定是视觉的回忆，它同这声音联系在一起，试图随着声音来到我面前。只是它太遥远、太模糊，我勉强才看到一点不阴不阳的反光，其中混杂着杂色斑驳、捉摸不定的旋涡；但是我无法分辨它的形状，我无法像询问唯一能作出解释的知情人那样，求它阐明它的同龄伙伴、亲密朋友——声音——所表达的含义，我无法请它告诉我这一感觉同哪个特殊的人有关，与从前的哪一个时期相连。这渺茫的回忆，这被同样的声音吸引而从远方来到我的内心深处，令人触动、震撼和撩拨心弦的逝去的声音，最终能不能浮升到我清醒的意识表面？我不知道。现在我什么感觉都没有了，记忆不再上升，也许又沉下去了；谁知道它还会不会再从混沌的黑暗中飘浮起来？我得再努力十次，我得俯身询问。……然而，回忆却突然出现了。"[104] 那是爸爸。

当声音消失时……

小美人鱼说："可是，如果你拿走了我的声音，我还有什么呢？"[105]

有的东西会神秘地消失，我就亲身经历过。那是九年前，我还是个专业歌唱家，当时已经专注发音技巧二十年。我每天都练声、教唱歌，突然，我什么也控制不了了。几分钟的时间里，巨大的情感冲击令我失声了。我那时刚刚得到一个好消息，是那种可以让心蹦起来的好消息，与我的孩子们有关——我获悉自己在强制离婚后对孩子们拥有监护权。我赶紧把这个好消息告诉我母亲，那时我住在她家里。可是我的声音开始莫名其妙地消退，刚说了几句话就消失了，嘴里连一个字都说不出来。什么都说不出来。一片空白。这种情形持续了两个小时，两小时里完全没有任何声音。尽管当时情况特殊，但这种印象还是很滑稽。就像在一部连环画里，人物张着嘴，吐出白色气泡，却没有任何文本。后来，声音悄悄回来了。第二天，没再发生任何事情。

没有任何生理原因可以解释这种失音症。外科手术也好，言语矫正再教育也罢，任何技术补救办法都无能为力。声带在情感的作用下，突然不想工作了。开关翻转了方向，黑暗降临了。再也找不到开启按钮了。

我经历过真正意义上的"发不出声音"。这种现象大都出现在消极对抗或沉重灾难后。最近，我的一个密友痛失爱侣。她爱人被脑瘤夺去了生命，临终前的漫长岁月里，她日日夜夜陪在他身边。一天早上，他在她怀里去世了。那天晚上，她便说不出话了。整整五天，一个字也说不出来。后来，她又能说话时，声音脆弱、尖锐，仿佛每说出一个字都要将其打碎。她亲身经历了说不出话的荒谬感觉：被剥夺、失去自我、仿佛随着爱人的消失而消失。由于没有了声音，一种茫然若失的感觉涌上心头，那是只有亲人的离世才会在心间留下的感觉，令人诧异不已，始终无法释然。曾那么真实存在的东西，就这样烟消云散，无影无踪。

一位杰出的发音障碍医生这样说："没有可借鉴的临床经验可治疗失音症；如果失音症发病已久，而且神经症根深蒂固，则更难治疗。"[106]最重要的专业人士身上会发生这种情况。一天，雅克·韦伯向德尼·波达利德斯坦言，《大鼻子情圣》演出大获成功时，压抑使他的声音发生了天翻地覆的变化，那种压抑停留在他的喉咙处，使他无法流利地说出字词和大段台词，而只能断断续续地发出声音，就像管子爆裂的声音，咕嘟咕嘟的，令他深感恐怖，如同杰出的声音中裂开的大洞。一天晚上，德尼·波达利德斯在舞台上对他说："你的嘴唇微微开启成圆形，那么不合时宜。我们看见口腔内一片漆黑，没有任何东西从那里出来。"[107] 恐惧。焦虑。泪水。"振动的声音不再振动了。"那是有生以来的第一次。数月以后，他才从那恐惧和压抑中解脱出来，迎来了那终于回归的逃亡者——他的声音。声音是卓越的"躯体化器官"，即便精通最伟大的技术，也无法战胜它，更不能详尽无遗地论述它的奥秘。

日常动作

　　如果没有疾病，没有压抑，也没有技巧问题，声音还是能够完成它的日常动作。一位三十多岁的年轻女性希望学习控制声音，因为她发火时，声音就变得超级高。她不想学习不发火，却非常想学习发火时用低沉的声音说话。她就是想转变她愤怒时的音调。在音乐中，移调是将一个短句用另一个音调照原样重复，而短句的旋律、节奏与和声保持不动。短句保留其所有音调变化，完完全全一致，但却从另一个音符开始。再简单不过了。她通过模仿我给她推荐的声音，很快就意识到实际上自己有能力并可以选择音高。但我不能跟她在实际场景中，也就是在她发火时练习，而她发火时也不能按照命令做。生气时她还控制得了什么？她应该从日常生活中开始控制声音，以便碰到情绪激动时有能力监督声音。可能她以后还会经常跟孩子、丈夫或客户大喊大叫，但会用更低沉的声音喊叫。难道她只想控制自己的声音或学会管理情绪吗？火气完全控制不住的瞬间，有能力听见并改变自己的音调，已经是在变换角度考虑问题，很客观了。从控制声音开始，虽然微不足道，但可能已经是自控的萌芽状态……

哲学家阿兰大肆赞扬了"假装"的好处，因为"假装"突出了身体对精神的影响。他这样写道："针对情绪做出反应，并不关乎判断，判断对此无能为力，却应该改变态度，并做出适当的动作，因为运动肌是我们自己身上能予以控制的唯一部分。微笑和耸肩都是对抗忧虑的动作，这些动作如此容易，能立刻改变内脏循环。可以随意伸展四肢或打哈欠，这是对抗焦虑和不耐烦的最佳锻炼。"[108]一个简单的动作就能改变我们的激素分泌，因此也能改变我们的精神状态。将这一事实转移到声音动作中：我发怒时，如果柔和、安静且微笑着说话，而不是用超高且强有力、很快且断断续续的声音说话，形式很可能会改变其所承载的内容，这种改变不但能令对方感受得到，也能令我自己感受得到。容器将改变内容。"值得注意却极少被注意的东西，并不是使我们从热情中解脱出来的思想，而是令我们解脱的行动。我们很难按照自己所想的那样去做。但是，当行动已经十分熟练时，当肌肉通过锻炼变得柔软时，我们就会怎么想就怎么做了。"——阿兰这样总结道。

仅仅在面对棘手情况或巨大压力时才想到声音，根本无济于事。太晚了！如果我们在日常生活中已经进展到"自动"模式，再调到"手动"模式则并非易事。每次日常说话的机会也都是练习声音的机会。

首先是利用外耳听自己说话的机会。这要求把自己的注意力分成两部分：发声和听自己发出的声音。听我们的声音如何在房间里回荡。力图听到声音如何对我们的说话对象振动。其次是努力改善我们声音的机会：更慢的语速、各种各样的音调变化、更低沉稳重的声音、不说"呃……"、饱满而富有表达力的沉默、坚持、吸气……

还有完善思想、构思演说、选择字词的机会。

至于呼吸，生命的每个瞬间都是练习呼吸的机会！

对此，有个好方法：设计一个每天响三次的小报警器程序。

叮咚！我在听我的声音……

我的音色是沙哑、清脆、有杂音、平白，还是有鼻音？

我的共鸣是丰富多彩还是平淡无奇？

我的振动位于头、鼻、喉，还是胸？

我的音高很高、中等、很低，还是多种多样？

我的力量是强劲、适中、轻柔，还是有细微差别？有没有轻微共鸣？

我的音调变化是咄咄逼人还是委婉动人？是让人放心还是气势汹汹？包含着什么样的情感？有着什么样的变化？振幅是什么样的？

我的节奏是快、慢、时断时续、富于变化，还是有停顿？

我的发音是准确、无力，还是震撼人心？发音位置是在口腔前部还是在口腔后部？

我的口音有什么特点？

我的断句变化多样吗？是否突出强调了某些字词？

我的呼吸自由吗？我是否偶尔停下来吸气？我以前自由的呼吸是否能坚持更长时间？

我的姿势，我的骨盆和脖子……我的肌肉是否紧张？我的颌和舌头……

不要想当然地处理话语。

听我们自己说话，让"我"不是——完全不是——另外一个人。

奥秘与快感

　　人是一根"发声的管子"。

　　人是一根"说话的芦苇"。[109]

　　虽然按照阿兰的智慧建议，练习能够训练声音（相应的练习也能够帮助您与自己的声音结成同盟），但在这个听觉游戏中，我还是因其奥秘无法尽述而对其痴迷不已。在游戏中，声音到处行使权力，将语言的微妙和表达我们情感的音乐的微妙结合在一起，它们侵袭、迷惑或者诱惑。一个声音在爱情中窃窃私语，并令那珍贵的爱的瞬间弥漫着浓情蜜意。另一个声音蕴含着激发人们热情的巨大能量：它千变万化，控制着威力不断攀升，话语和沉默在那里首尾相连，越来越强，越来越高，越来越令人信服，直到公众发出大声喧哗。一个声音直抵我们内心。其他声音抚慰着我们，萦绕着我们，吸引着我们。所有声音谈论着我们，为我们说话。它们揭露我们或者背叛我们，建立联系或者摧毁联系。"声音独一无二，不可替代，但或许又与人不同。声音与人可以彼此并不相似，或者秘密地相似，第一眼认不出来。声音可以是人最隐蔽和最真实之事的等同物。"[110]——伊塔罗·卡尔维诺这样写道。音乐是人类的灵魂。

《黑镜3：急转直下》[111]这部电影中，蕾西在浴室里照镜子，她尝试让脸上挂满微笑和可爱的咯咯假笑，她试图练习假笑，以使笑容看起来好看、欢乐，符合打分标准。世界是粉色的，也充满了柔和而文明的色彩。房子整洁有序，花园打扫得干干净净。正如她桀骜不驯的弟弟所称呼的那样，那是"假笑牢房"。一切都恰到好处，每个人都举止优雅，无可非议，化着精致的妆容，发型考究，无可指责，拿着手机，对自己所遇见的每个人都打五分。这个平庸的世界受到互相评价机制的束缚。所有人，无论男女，都受到其行为、事件及声音的控制。谈吐间的用词要精挑细选，音调要平静悦耳、审慎有度、柔软温和，任何一个词的音调都不能高于别的词，即便被弄得一团乱，也不能有一丁半点的恼怒，否则就会被差评。

蕾西痴迷于自己在社交网络上的打分。上班时，她在电梯里彬彬有礼地同一位女士交谈，她们的声音在头脑里又尖又高，从口里说出来时却是刻板的和蔼与客气。心满意足时甜蜜的微笑——嫣然而笑——在喉咙处酝酿，流淌到洁白的牙齿中间，牙齿上挂满了杂志里的人物永恒而造作的微笑。

为了得到梦想中的公寓，蕾西要超过 4.5 分。她一句令人不愉快的话也不能说，说话的任何一个音都不能高于别人。她的声音就像她的想法一样受到严格约束。然而，一件又一件不幸的遭遇接踵而至，她说出了第一句脏话，几个小时内，她的评分断崖式下跌，迅速达到了零分。她成了这个完美社会的危险人物，被警察逮捕，关在一间普普通通的牢房里。然而，在牢房里，令她大为吃惊的是，她获得了解放，各种感觉终于迸发出来，她带着性感的愉悦，随心所欲地辱骂牢房邻居，愉快地找回了用尽全力说话的感觉。那胸声尖锐、有力、无拘无束，仿佛一只圈在笼中太久的老虎突然爆发出力量。声音和字词在口头美妙的快感中突然出现了。机器人般的世界消失不见了。人类自发地获得了重生，恢复了动物性。精神与身体得到了解放，在重新找回的声音中紧密联系在一起。

将声音控制得完美无瑕的世界会是什么样呢？只能听见经过小心翼翼选择的东西，那样的世界会是什么样呢？技术毫不松懈地追随着这圣杯：模仿人类的声音。然而，今天，机器的声音仍过于完美。我们的声音瑰丽多彩，还在于它具有自发性，以及它在根本上并不完美：它结结巴巴、磕磕绊绊、吞吞吐吐，或者颤颤巍巍……当勾人魂魄的歌声响起时，令我们战栗不已的依然是对碎裂的恐惧。

我们与动物所共有的叫喊因话语而得到了升华。话语因声音而充满生机。对话语精雕细琢，令我们如此具有人类特征。就让话语在我们的声音里相互缠绕，共同起舞吧！

附 录

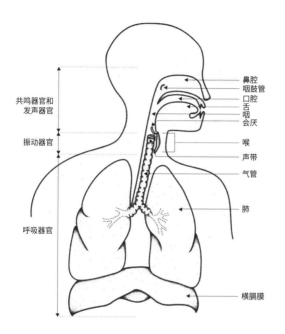

发声器官

共鸣器官和
发声器官

振动器官

呼吸器官

鼻腔
咽鼓管
口腔
舌
咽
会厌
喉
声带
气管
肺
横膈膜

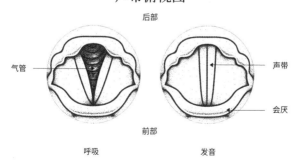

声带俯视图

后部

气管

声带

会厌

前部

呼吸　　　　　发音

发声练习

一、构建发声工具：采用易于发声的姿势

姿势练习1　构建站立垂直度

站立，双臂沿身体放松下垂，双脚分开，与骨盆同宽。

· 确认膝盖没有向后绷紧。应略微屈膝。

· 确认体重分布在脚掌下。

然后，将体重置于：

　　　　——左脚上；

　　　　——右脚上；

　　　　——双脚上；

　　　　——双脚前部；

　　　　——双脚后部；

——重新置于中间，双脚上。

· 注意骨盆位置：移动骨盆，好像要坐在椅子上。

如有需要，弯曲双腿，下蹲，身体挺直，好像坐在椅子
上。双腿用力，起身，后背挺直。

· 放松双肩，使两个肩胛骨轻轻靠近。

· 拉伸颈背，仿佛一根木偶线从脑壳上部开始，将您拉向
天花板。下巴略微收紧，而不是向前伸展。

· 在地上站稳，这是唯一可能的支撑。双腿和骨盆稳固。
上半身可以放松。

大多数情况下，我们想到站直时，常常忘记了下半身。这
样不对，首先应该夯实金字塔底部，夯实底座。

姿势练习2　构建坐时垂直度

坐下，原理相同。

· 双腿不交叉，双脚平放在地面上，无须用手即可一下站起来。

· 固定点放在坐骨上，如果从一侧到另一侧转移体重，可
以感觉到固定点在臀部的两块骨头上。

· 后背挺直，两臂放在大腿上、扶手上或桌子上，但不要
支撑在上面。

· 双肩放松。

· 挺直颈背。

姿势练习3　拉伸脊柱

站立，双腿分开，与骨盆宽度相同。

1. 头部前倾，放松，同时手臂下垂。

2. 弯腰，尝试不费力地碰到地面，膝盖微微弯曲，同时呼气。

3. 保持此姿势五秒，同时放松颈背和双肩，平静地呼吸，不憋气。

4. 双腿用力，慢慢起身，从底部开始，一根椎骨一根椎骨地展开背部。

5. 颈背保持弯曲，头部保持前倾到最后一刻。只有背部挺直时才抬起下巴。

6. 感受刚刚伸展的脊柱。

姿势练习4　放松颈部

1. 坐着或站立，挺直颈部，下巴转向右肩，再回到中间，重复两次。

2. 向左做同样的动作。

3. 用头划圈，先顺时针，再逆时针，令下巴压在胸上，不要过度向后。

二、在非发音情况下有意识地练习
并掌握正确的呼吸动作

呼吸练习1　找回正确呼吸动作

躺在床上，用鼻子正常呼吸。

双手放在腹部以确认您的身体保持正常呼吸。

1. 呼气，腹部瘪下。

2. 吸气，腹部鼓起。

3. 胸廓几乎不参与呼吸动作，双肩则完全不参与。

试着一点点加大观察到的动作幅度。

1. 像用吸管呼吸一样，用嘴呼吸，同时更有意识地收腹，
   至少持续五秒。

2. 让空气平静地进入鼻子。腹部鼓起。

呼吸练习2　找回正确呼吸姿势

（站或坐）

1. 嘴张开一点点，用嘴安静呼吸，仿佛向非常细的吸管内
   吹气（或真向一个小吸管内吹气），持续五到六秒。气
   息的流量和压力应保持恒定。缓缓收腹。

2. 用鼻子安静吸气。

   腹部鼓起。双肩不动。

   至少连续重复五次呼吸循环。

呼吸练习3　更积极地呼气

重复前两项练习，呼气时发出"咝咝咝咝"的声音。

发声强度应保持恒定。

如果气息不够，呼尽前可以停下来并吸气。

呼吸练习 4 探索呼吸领域

1. 吸气，尽可能将背部肋骨分开（背部成弧形）。

2. 呼气，放松。

3. 吸气，尽可能将前肋骨分开（胸部隆起）。

4. 呼气，放松。

重复数次上述连贯动作。

呼吸练习 5 走路时使呼吸富有活力及节律

1. 走 4 步、6 步或 8 步，用嘴呼气，一边呼气一边发出"咝咝咝咝"的声音，或者像往非常细的吸管内吹气那样呼气。

2. 走 2 步，用鼻子安静地吸气。

与此同时，感受空气在体内的路径和其充满肺的方式。

呼吸练习 6 跑步时使呼吸富有活力

1. 尽可能延长跑 4 步、6 步或 8 步时用嘴呼气的时间。

2. 跑 1 步或 2 步，用嘴吸气。

呼吸练习 7 游泳时使呼吸富有活力

1. 呼气。收腹，在水中吐出空气。

2. 吸气。将头探出水面，用时约为伸一下胳膊的时间，横膈膜迅速并有效地运动一次，吸入空气。

呼吸练习 8　吸气时感受横膈膜下降

1. 翻转双手，手心向上。

2. 将手指放在肋骨上，就像试图使其移动到胸廓下面。

3. 用嘴呼气，同时用力推手指，使手指进一步向肋骨推入。

4. 用嘴吸气，同时记得向后推手指。横膈膜在发生作用，横膈膜收缩时变平并使肋骨扩张。

呼吸练习 9　感受呼吸反射

1. 像用双唇间夹着的一根非常细的吸管一样，呼出所有空气。收腹，横膈膜上升。

2. 憋气状态下，人为地让腹部空间继续向胸部上升。继续收腹、挺胸。

3. 在这个状态下憋气两秒，挺胸。

4. 迅速放松腹部，张嘴吸入空气。横膈膜骤然下降，这时需要空气。

呼吸练习 10　分开吸气肌肉和呼气肌肉，以对其有更佳感知

1. 一边发出"咝咝咝咝"的声音，一边排空所有空气。

2. 保持真空憋气，放松腹部。

3. 等待憋气两秒。

4. 张大嘴吸气。如果之前已经呼出了肺内所有空气，这时横膈膜会迅速下降。

呼吸练习11　迅速而有活力地呼吸

1. 一边发出"哧哧哧哧"的声音，一边用力呼气（胸部一直高挺）。

2. 迅速张嘴吸气（感受横膈膜的强劲运动）。

像蒸汽火车的声音一样连贯完成以上两个步骤，速度越来越快。

三、练习声音

（可以将每次的练习录下来重听）

发声练习1　探索发音辅助所必需的充足腹部运动

1. 咬住下唇，阻止空气通过或模拟向一个特别细的吸管内吹气。

2. 用最大力气呼气，呼气时间尽可能长，感受呼气所必要的腹部运动。

3. 张开嘴，吸入空气；感觉横膈膜的下降。

发声练习2　探索发音辅助所必需的充足腹部运动

1. 发出"BRBRBRBR"的声音（嘴唇模仿马的发声），感觉腹部运动。

2. 发出"RRRR"的声音（西班牙语的卷舌音 r），感觉腹部运动。

3. 发出"VVVV"的声音，感觉腹部运动。

发声练习 3　探索发音辅助所必需的充足腹部运动

1. 用强烈而有冲击力的声音连贯发出"KA、KE、KI、KO、KOU"音；感受腹肌对每一个辅音的激活情况。

2. 同上，发出"PA、PE、PI、PO、POU"音。

心里记住：声音应在您身上发出来，而不要试图将其推向身体之外。

发声练习 4　松动颌

1. 张大嘴，下颌退到耳朵下面。

　　——确认舌头依然放平，舌尖顶住下齿。

　　——需要时打哈欠。

2. 保持颌关节打开，再合拢嘴唇，像要说"乌"字。

3. 安静地将头向右转，再向左转。

4. 回复到中间。放松颌。

整个过程重复三次。

发声练习 5　感觉振动

1. 闭嘴，发出低沉的"Mmmm……"音。声音在胸腔内振动。

　　——按照发声练习 2 中的动作，在发浊音的呼气过程中缓缓收腹。

　　——确认颌没有收紧。

2. 改变该"Mmmm……"音的音高，感受身体各个部分的振动。

发声练习6　大胆喊出来

在地上站稳，双膝微屈。

感觉自己像是一只大熊或一瓶 Orangina 果汁！

· 从腹部下方发出小野兽般的喊声，在胸腔振动："HHHH
  AAAA！！！"令喊声听起来像是嘶哑的喘气声。

发声练习7　声音游戏

1. 张嘴，发出"VVVVAAAA"音。

发"V"音时在嘴唇上感受空气阻力。

发"VVVV"音时腹部开始运动，而且即便您觉得发
"AAAA"音时腹部不必继续运动，但还是要继续。

注意使胸廓保持打开状态。

整个发音过程中保持强度一致。

2. 张嘴时切断发音。

3. 吸气。

发声练习8　振动游戏

发"VVVVAAAA"音时变换音高。

练习变换。

· 在身体不同位置体会发生振动：胸、背、喉、颈、鼻
  下、鼻窦、颅顶。

· 振动遍布全身：气息从下到上保持流动。

注意：发声时不要让空气进入（喘息的声音），发元音
"A"应与说话时同样准确。

发声练习9 连贯发元音，以发出声音

1. 发 以 下 元 音："A、E、I、O、OU、U、I、É、È、A"，
音与音之间不要中断，就像在拽一根将其连在一起的橡
皮筋一样，尽可能少动嘴唇和舌头。

2. 嘴里咬一支铅笔，重复练习。尽可能少动嘴唇。

3. 重复发最高音和最低音。

发声练习10 使辅音充满活力

连贯发以下辅音：

· "P、T、K"，中间不停顿，迅速发五次；

· "B、D、G"，中间不停顿，迅速发五次；

· "S、Z"，中间不停顿，迅速发十五次；

· "F、V"，中间不停顿，迅速发十五次；

· "L、M、N"，中间不停顿，迅速发五次。

发声练习11 使发音充满活力

1. 用每秒钟数两个数的节奏大声数数，一直数到20。
每两个数字之间，在横膈膜的推动下迅速吸气。

2. 嘴里咬一支铅笔，仅在一次呼气过程中大声数数，一直
数到20。

发声练习12 延长元音，以放慢语速并发出声音

读一篇文章。读的时候延长元音发音，就像以前戏剧里的
朗诵一样。

- 词与词之间不得有任何间断；连贯读出字词，从一个词拉长到另一个词，不考虑标点符号。
- 一直读到气息储备用完。
- 挺直身体，朗诵过程中高挺胸部。
- 借助横膈膜运动，用嘴吸气，使横膈膜降到非常低的位置。

发声练习 13　在口头上重新断句，每次沉默时吸气

1. 在一篇文章中划上线，以适时沉默：

　/ 停顿一秒；

　// 停顿两秒；

　/// 停顿三秒。

2. 按照停顿符号朗读文章。最开始可以在心里数数。第二遍时，默默地在这些沉默中加入一些小短句，旨在为沉默赋予意义（一两个词、一句话）。

每遇到一条线时，都要吸气，而不要憋气（当然用横膈膜吸气）。

核实吸气时没有向上耸肩。

发声练习 14　大声说话

像说腹语的人那样朗读一篇文章，嘴张得极小，但朗读时要用尽可能大的力量。腹部处于活跃状态。

可能的话，咬一支铅笔朗读。

有规律地暂停，大幅度张开颌，使其放松。

发声练习 15　变换音高

尽可能快地大声数数，一直数到 10：

——从最低音开始，以达到尽可能高的音；

——从最高音开始，以达到尽可能低的音。

再数到 11、12……一直到 20。

发声练习 16　变换音高

读一首诗，每一句都变换音高：

——从低音到高音；

——从高音到低音；

——高音——低音——高音

——低音——高音——低音。

将手放在胸前，感觉发低音时胸部的振动。

发声练习 17　变换音调

说"你好"作为练习。

在家里练习以不同的音调说"你好"。

· 强。

· 非常强。

· 温柔。

· 过分温柔。

· 亲切。

· 带着大大的微笑。

· 在齿间发声。

- 重读"你"字。
- 重读"好"字。
- 用问号语调。
- 用感叹号语调。
- 用句号语调。
- 仅在自己家里练习：用轻蔑的语调、用顿挫的语调、用恼火的语调，用窃窃私语的声音等。

日常生活中每次问好时也练习用不同的语调，这样就成了发声练习。

发声练习18　变换声调，用身体说话

站在镜子前。

根据文字意思变换语调，满怀信心地说出这些话。

说话时用胳膊做动作。从肩开始，别只用前臂或手腕。

每句话开始前，让两只手在肚脐位置相对，但不要碰到一起。

要牢记"第一句话，第一个动作"，说话前就开始做动作更好。

啊！今天天气真好！

什么破天气啊！

真讨厌……

噢！见到你，我可真是太吃惊了！

我喜欢！！！谢谢！！！

这真是太不公平了！

我那么累……

抓住!

请肃静。

噢！可是你知道我爱你，你知道！

这就是个灾难！

该换个话题了。

如果不擅长做动作，请遵循以下建议：

啊！今天天气真好！

两臂伸向天空。

什么破天气啊！

双手放在脸前。

真讨厌……

叹气，两臂再沿身体下垂。

噢！见到你，可真是太吃惊啊！

向两侧张开双臂，以示欢迎。

我喜欢！！！谢谢！！！

双手张开再合上。

这真是太不公平了！

双手拍大腿。

我那么累……

双臂向两侧伸开。

接住!

一只手像是要抛出一个东西。

请肃静。

一根手指放在嘴唇上。

噢！可是你知道我爱你，你知道！

双手放在脸的高度上。

这就是个灾难！

双手举过头顶。

该换个话题了。

手心翻向地面，双手向外分开，强调。

变换动作重复练习：每次都加大动作幅度，加快动作速度……思考该练习对您声音的语调、节奏和力量产生了什么样的影响。

发声练习 19　改变声音……

用空姐或空少的声音读下面这篇文章：

"女士们，先生们，欢迎乘坐飞往悉尼的 714 次航班。请您将手提行李放在行李架内或您前面的座椅下方。请保持机舱门和紧急出口通畅无阻。本次航班禁烟，卫生间内严禁吸烟。

在机舱缺氧的情况下，氧气面罩会自动降下。拉动氧气面罩可释放氧气。请将氧气罩戴在面部。疏散时，沿着地面上的发光标记，您可以找到距离您座位最近的紧急出口。紧急出口可能在您身后。紧急出口位于机舱每一侧的前方、中间及

后方。

感谢您选择法国航空公司，祝您旅途愉快。"

·再练习时，就像已经读得滚瓜烂熟了一样说出第一段内

容，用愉快的语调微笑着说出第二段内容，最后一句话用参加葬礼的语调说出来。

· 再练习时，用中国人口音说出第一段内容，用马赛人口音说出第二段内容，最后一句话用比利时口音说出来。

难道您不会用比设想多得多的次数练习发声吗?

发声练习 20 变换感情……

找一段您熟悉的歌词，每次用不同的意图将其说出来。

1. 您认为适合文章的意图。

2. 然后，根据您的选择依次加入以下意图：挑衅、同情、沮丧、友好、嘲笑、担心、欣赏、讽刺、好奇、怜悯、亲切、性感、尊重、体贴、严厉、恐惧、温柔、蔑视、迂腐、抱怨、悲惨、鲁莽、惊叹、怀疑、感动、尊敬、兴奋、冷漠、抱歉、喜悦、热情、愉快……

发声练习 21 变换感情、节奏和抑扬顿挫

读一篇文章（小说或报纸文章节选等），加入以下感情、节奏和抑扬顿挫：

· 感情：高兴、生气、忧伤、受惊;

· 节奏：快、慢;

· 抑扬顿挫：连贯衔接、断断续续。

发声练习 22 继续变换

读一篇文章（小说或报纸文章节选等）：

1. 延长沉默时间；

2. 慢节奏；

3. 最大限度地变换节奏和音调；

4. 逐个变换声音的所有参数：意图、音调、节奏、力量、
   沉默和停顿……

您可以在文章中标出指示。

您应该找到您自己的代码以及您说话的记号。

例如：

用 / 、 / / 、 / / / 标记沉默和吸气（1秒、2秒或3秒）。

在需要重复的字词下面划线或将其圈上。

用 < + （或 ff、f、mf）表示更强。

用 > – （或 pp、p、mp）表示更弱。

用 chch 表示窃窃私语。

用→表示加速。

用 ––– 表示减速。

用↔表示扩大。

用↑表示高音。

用↓表示低音。

用 ☻ 表示微笑。

针对关于选择话语最常见问题的几个答复：

私聊、会谈、公共场所……

如何更大声地说话？

如何在嘈杂的环境里让别人听见自己说话？

如何让声音充满自信？

- 用您的腹部！（参照声音支持练习）。用全身的力气。

- 放松喉咙和颈部肌肉。

- 让声音在身体里响起（没有迸发）。

- 用外耳在房间里倾听自己的声音，估量其影响。

- 有清晰明确的意图。

- 说话声音不要太高（倾听自己，调整音高），但加入一些高音谐波……

- 令辅音充满活力。

- 说话速度再慢一些。

- 看着说话对象。

- 挺直身体，用手说话。

谨记：说话对象是您的声音测量仪；眼睛和耳朵控制声音，气息和身体使声音充满活力。看着说话对象，并努力在说话时把您自己置于他们的位置，从而倾听自己的声音。您的声音能否让最里面的人都听见？是否震聋了离得近的人的耳朵？整个房间都能听到您的声音吗？它是否让房间带着混响振动？声音是否在角落里回荡？试图把自己当作另外一个人来倾听自己的声音。把话语当作一项运动而不是纯粹的脑力活动来考虑。

"可是我感觉我在喊……"如果您的说话对象向您确保说您不像在喊，那他们说得对。别犹豫，时常询问，予以核实。你们坐在最里面也能听见我说话吗？我说话声音不算太大吧（问离得近的人或在小房间里的人）？这样，您能够调节声音的感知光标。以前一直在您的普通力量零级的，应变成您的负三级或正五级。这需要在日常生活中付出一些关注与努力，可能会让您感觉不适，需要您坚持，直到新习惯代替旧习惯……

如何更小声、但强有力的说话？

- 持续发出声音，直到把所有话都说完：使用腹部，说完话前别放松。轻柔并不意味着无力。

- 有清晰明确的意图。

- 说话时用眼神交流。

玛丽亚·卡拉丝说："当我说'亲切'时，我说的是气氛，而不是音强。您可以放声歌唱，让人觉得惬意；一切都取决于您为短句赋予的色彩。"[112]

如何发出最低音？

· 说话时倾听自己的声音。

· 听出最低音，选择这个最低音。

· 不改变声音，也不下沉喉部，校正耳朵里听到的音高。

· 寻找在胸腔的振动，仿佛声音从胸腔出来一样。

如何不被声音所累？

· 让身体参与。

· 持续发出声音，直到把所有话都说完：使用腹部！

· 每次暂停、休止时均吸气。

· 保持胸廓高挺打开。

· 放松颈部肌肉，不要试图控制它们。

· 追求一种富含谐波的声音。让其在您身上振动，但不要试图在身体上"规划"它。

如果声音"卡"在喉咙里了，该怎么办？

说话前：

· 大幅度张开颌并打哈欠。

· 向双唇间送气，发"BRBRBR"音。

说话时：

· 放松颈部肌肉，不要试图控制它们。

- 将声音一直坚持到说完所有话：使用腹部！
- 让辅音充满活力，就像为声音设置的跳板一样。
- 不要试图"放出"声音，而是试图让它在喉部和胸部振动。
- 每次暂停、沉默时均吸气。
- 不着急，慢慢来。

您怯场吗？说话前准备好阵地

呼吸是出色的放松工具。我们大家都听说过这句话："你有压力，呼吸放松！"然而，通常情况下，人们对此的反应都很糟糕，且压力会增加，于是要耸肩，用鼻子强烈吸气，然后再放松，就像非常迅速地叹气一样。忘掉这个动作！从用腹部呼气开始——对，您的肺里已经有空气了。为什么呼气？因为人有压力和感情的时候，横膈膜处于绷紧状态，不再放松，因此，我们就不再呼气了。确实，由于横膈膜放松才能呼吸，所以如果横膈膜不放松，就不能呼出足够多的空气，于是肺部便充满空气，含氧量低。唯一的解决办法就是腹肌接班工作，以"加强呼气"。从下至上完成这一有活力的呼气：收腹，驱出空气。要想感受呼气过程，不要想到叹气，而要想到用又长又静的一口气吹灭六十根生日蜡烛。您还可以想象用一根非常小的吸管长时间呼气。呼气一完成，让空气重新进入身体。空气通过嘴或鼻子猛烈涌入，肚子安静地鼓起来，就又有氧气了！至少连续重复三次这一练习。可以转动头部，因为在此练习中，您身体里的氧气会比平时多。缺氧是因为呼气不够！呼出更多空气，以便更好地吸气。

　　说话时也可以做这个练习。控制好呼吸可以令人不那么怯场。大声朗读这篇文章，同时更随意地呼出更多空气，说话时肚子呼吸。每次停顿时慢慢真正地吸气，肚子鼓起来。我在学习熟练演唱《巴黎圣母院》的歌曲时，一个出色的手风琴伴奏者经常这么跟我说：即便只是个逗号，也可以喝"一小盅"。为此，说话时一定要有停顿和沉默，且次数要比您认为得多。这样说出来的话只会更有活力，更富于变化。口语不需要遵循书面标点符号，您的听众会感谢您在说话时偶尔停下来吸气，因为如果您不呼吸，他们也会因为无意识的共情而不呼吸。

如何不让声音颤抖？
如何不让声音中流露出感情？

　　说话前：
- 在地面上站稳，挺直身体。
- 嘴张开一个小口，用嘴长时间呼气五次。

　　说话时：
- 放松颈部肌肉，不要试图控制它们。
- 不要为了避免声音颤抖而试图"保持"声音，而是要接受颤抖。
- 挺直身体，保持胸廓高挺打开。
- 持续发出声音，直到把所有话都说完：使用腹部！
- 用更大声音说话，让声音更有活力。
- 每次停顿、沉默都吸气。

· 不着急，慢慢来。

感情非常随意地出现在声音中。"屋子里如果有五个人以上，我的声音就会颤抖……"通常，除了当事人自己或其亲近的人，没有人会注意到这一点：诚实地保留这种状态。当我们知道并没有人注意到我们内心深处有某种不适时，我们就更能容忍它。其他人对我们的怯场、感情、颤抖、内心的火山、可能会脸红等等的感知，并不像我们自己所感觉的那样敏锐：如果意识到这一点，就已经能减轻这些症状了。为了对此加以证明，可以把自己的日常生活拍下来。

如果声音颤抖，首先要接受它。如果试图打败这种表现，只能适得其反。我们越想控制抖动的肌肉，就越令其紧张，也越有可能颤抖得更厉害。放松颈部肌肉，放松喉咙，任由其振动，并在气息的支持中探求解决方案。空气压力得到更好的传导，会带来活力和稳定。说话时也要略微提高音量：通常，颤抖是由于紧张和缺少活力造成的。将您的注意力集中于辅音上，无论是清晰的辅音，还是每次都带有小小腹部冲击的触发辅音。

关注身体的感觉，是专注当下的唯一方法。而专注当下是取得上佳效果的唯一方法。思想从来不存在于当前。它存在于在过去，那是回忆——"天啊，我还记得上一次……"；或者存在于未来，而那是想象——"我还要结结巴巴……"。在此处和此刻关注你的身体。

监督这样的小声音，它没有预先通知就突然出现，并侵占了我们的精神，直抵最隐蔽的角落。它对我们进行判断，并且在公共场合还淹没了我们真正的声音……"你永远达不到……""你真可笑，大家都在看你……你脸通红……"怯场愈发严重，脑袋里没有了任何想法。

别让这小声音出声！

把心思完全用在自己所说的话上，不要思考您的说话对象对您会有什么看法！如果一边观察说话对象，一边思忖"他们怎么看我"，就又掠过别人的眼睛，以自己为中心了。辨认出这一反应，并将其摒弃。这时候不应该以自己为中心，而应该给予您应给予的东西。

从辨认这个小声音本来的样子开始，远远地看着它，以摆脱它："小声音，我认出你了……你没有理由在这儿！我不是你……你不会拥有我！别出声！"

马上，回到身体里，接通您的感受、您真实的声音。感受它振动，倾听它发声，听字词产生共鸣。

从身体内部感受自己：固定、姿势、动作、小呼吸运动、在身体里的发声振动位置。

用嘴唇、舌头将您的注意力引导到对字词的推敲上。

看着您所看的东西，真正地看。

享受这给予和那些感受，享受您的声音，别让评判的声音发出来。

别着急，在日常生活中静静地练习将注意力引导到内部和外部感受上来。

当然，我们越对想说的话确信无疑，越对自己的记忆力有信心，越相信我们的想法、构建逻辑、论据力量、我们的合法性等，我们的声音就越坚定。

如何在说话时不气喘吁吁？
如何不气短？
如何不憋气？

· 说话时随意且有活力地呼气。（用腹部！）
· 每遇到一个标点符号、每一次沉默时都不紧不慢地吸气。

当我们需要空气说话、唱歌、用力、做运动时，会本能地用嘴呼吸。这样做非常正确！一个非常简单的理由是：嘴的通道更宽，能更快吸入更多空气，效果更好。说话过程中每次短暂的停留都是通过横膈膜收缩用嘴自由呼吸的机会。

说话时也可以用鼻子吸气，但需要更多时间。用鼻子呼吸的好处是嘴不会很干，也不必强行停顿。不过还是要注意，应该保持用鼻子轻轻吸气，用鼻子吸气时横膈膜产生骤然压力，且下方肋骨打开。不要使胸部充气，不要抬肩；那样就会导致几乎无效的反向呼吸，并产生压力。

如果有空调，最好也用鼻子呼吸，以避免发生疲劳。鼻子因为有鼻毛，能过滤空气和声音的死敌——空调——所产生并运载的所有杂质。像避开瘟疫一样避开它。演讲者经常不声不响地吞咽唾液——再也没有比咽下唾液时看上去像喘不过气的演讲者更令人讨厌了。

如何改变声音音调？

如何让声音不单调？

如何在说话过程中吸引注意力？

· 弄清楚意图。您想表达什么感情？想给人留下什么样的
  印象？
· 不停变化假声和语调。使用声音的所有成分进行练习：
  力量、音高、节奏、中止、声调……
· 投入精力，坚定地支持声音（参照声音支持练习）。
· 聆听自己说话，意识到话语中悦耳的声音。
· 用眼神与对象对话。

　　声音的音调变化基本与沟通和分享的意图相关，与个人的
自信、沟通的主题，以及与他人的关系有关。

　　说话时不看说话对象，在公共场合做"介绍"是不改变
声音音调的最佳方法。永远不要为了"介绍""通知"或"讲
一点"而说话，因为这样说出来的话，声调是中性的，令人讨
厌。依稀记得学习生涯中，除了背诵外，口语表达只有"口
述"练习。"口述"就是小心翼翼地陈述以前搜集的信息。学
生及其声音只是在教室里传达信息的媒介，没有任何个人感情
投入。如果能表达其观点，也会特别在口述末尾指出那只是拙
见，当然没有任何价值，请大家原谅其胆敢说出来……我们没
有学会辩论、肯定自己的观点、反驳、论证……然而，正是个
人感情的投入才能改变声音音调。口头上的中立令人生厌，听
众感知不到它。我们想保持中立、不掺杂个人情感、不归纳总

结、"严肃认真"的同时，却不由自主地缺少信心和兴趣，也让听众觉得了无生趣。发言前，应先弄清楚为什么发言，确定一个明确目标会令声音充满活力。

当然，也要看着说话对象的眼睛，与每个人大约用眼神交流两秒，就像蜜蜂在每朵采蜜的花上随机停留几秒一样。如果在一个大房间里听众很多，也这样用眼神交流，在房间的不同区域寻找不同人的眼神：右边、左边、中间、第一排、第二排、最后一排……如果房间光线不好，想象听众在那里，装作看见了他们！除了脱口秀演员，我们都是在与人真正对话的过程中，而不是在一些人面前改变声音音调。

如何放慢说话速度？

· 拖长元音（回忆一下戏剧朗诵）。

· 与说话对象、公众联系，以表达您要说的话，并通过其非语言要素确认他听懂了您说的话。

· 倾听自己说话。

· 敢于大量运用停顿和沉默。

"字词拥挤堆砌，辅音交叠重复，人们听不懂我在说什么！各种想法在我脑袋里堆砌，我的嘴唇跟不上节奏。"事实即如此，叙述所需的时间比思考多；身体使其变得滞缓。舌头和嘴唇需要时间完成发音动作：触发辅音、塞辅音、鼻辅音、齿辅音……需要时间停顿、呼吸。首先，需要给自己一个理由。我们说话的速度不要比思考的速度快，否则别人就听不懂。放慢速度和发音都需要用力。为此，日常说话时应该想到这一点，以使得在公共场所的发言不至于成为一个例外。一般而言，想到发音，就会想到辅音："三山屹四水，四水绕三山。"是的，您可以把一支铅笔咬在牙齿中间练习发音，这个练习非常好，但我建议您读这个句子时忘掉辅音，将注意力集中在元音上。就像抻长橡皮筋一样，延长元音。在这个语音带上，将辅音安安静静地发出来：您完全能被听懂。自己练习用夸张的方式读课文，找到 20 世纪演讲者夸张的语调，找到戴高乐将军的"法国男人——们、法国女人——们"！

　　也不要给自己太大压力，不要想尽快摆脱想说的内容。既然您选择了说话，就把它说完，别着急，大点声，清晰地说。

　　如果想放慢语速，那就不时地暂停、拖长元音，把辅音发得充满活力而准确，且一直看着说话对象。无论在私人场合，还是在公共场合发言，永远把与他人的关系放在第一位，优先于说话的急迫。声音将跟随着我们。

如何敢于沉默？

· 看着说话对象的眼睛：说话前、说话中及说话后。

· 制造悬念：假装知道后续内容！

· 头脑里打草稿，有意填充这一休止。

· 用非口头语言展示草稿：眼神表达、模仿、动作。

· 利用这个机会呼吸，不要憋气。

如何不说"呃……"？

- 想说"呃……"时停下来。建立视觉联系。呼吸。
- 制造悬念：假装知道后续内容！
- 平时说话时不说"呃……"！

面对一个男性声音，女性声音如何能有分量？

- 说话时用更低沉更有力的声音：倾听您自己的声音。
- 感觉您的声音从胸腔发出来。
- 清晰地发音，发音部位尽量在口腔深处。
- 避免音高出现重大变化。
- 敢于用眼神中止说话。
- 敢于说极短的话！

如何在改变方言的同时不改变声音？

- 听自己用每一种语言说话。
- 选择音高。

很多人断言：他们用母语和外语说话时，声音相同。

喉、咽、发音系统的习惯位置根据方言不同而变化。然而，它们并不能证明音高，而可能仅仅证明口音有困难而已。

当有人在说两种语言时，有"改变声音"的感觉，通常可以由听其说话的人予以确认。我们每个人都根据所见所闻，在头脑里对于某种声音有心理表述，比如欧洲女性在说法语时会有意使用记忆深处略高且尖的声音，相反，对于法国人而言，说德语时似乎必须要用低沉的喉音。这不过是刻板观念；当然，也有的德国男性或女性声音很高，而有的法国女性声音很低。受这样的成见束缚着实遗憾。听自己说话时，可以选择每种语言中令自己愉悦的基础频率。再重申一遍：在声音高度方面，声带对耳朵发挥着基本作用。西塞罗说："声音的变化是习惯与艺术赋予声音的专属特征。声音有三个优点——宽广、坚定、灵活。"不要让习惯压倒艺术。

如何使用麦克风说话？

- 正常有活力地说话。
- 把麦克风贴在下巴上，保持住，以便音量不发生变化。
- 认真听自己的声音，仿佛声音在大厅里响起。

使用麦克风，我们一下子听到了比平时大得多的外部声音。我们的标记被打乱了。有些人觉得这个放大的声音很讨厌，特别不喜欢听，实际上他们这样做并不正确。于是，我们看到他们继续高谈阔论，却完全意识不到没有麦克风了，也意识不到没人能听见他们在说什么。使用麦克风的首要技巧，也是最实用的技巧，就是把手持式麦克风贴在下巴上。持续保持麦克风放在嘴下方的感觉，这样做可以不产生距离的变化，让声音的捕捉均等。这样做避免了因扭头而让麦克风跟踪声音产生变化，也避免了用拿着麦克风的手做动作。还有很多定向式、手持式麦克风，只在上方而不在侧面捕捉声音，这也要多加注意。

如果可能，选择"麦当娜"牌麦克风。这款麦克风固定在耳朵上，悄悄地放在最前面，这样，您的手就自由了，声音也稳定了，因为麦克风可自动跟踪所有动作。如果您的头部动作不多，也可以选择领夹式麦克风。如果您头部动作多，您就会有一些富有力量的小变化，嘴和麦克风之间的距离就不稳定了，放在书桌上的天鹅颈麦克风是万向的，您可以随意转动头部。

不要因为发声而有悖于日常习惯，保持鲜明且有活力的声音，声音工程师将根据需要调整麦克风功率。就像打电话一样，所有声音都能在麦克风里听到，无精打采的声音会显得更加无精打采！避免含着唾液说任何话，因为那样的声音将会被放大。还要警惕爆破辅音——通常是"p"，最好软化这些辅音。

然而，尤其要听自己说话：这是您听到自己声音并熟悉它的唯一机会，您最终会像别人一样听到它。

当然，不要仅仅让您的声音，还要让您的想法清晰明了……

"有些人，其阴暗的思想笼罩在厚厚的云层下，总是含糊不清，理性的光明无法穿透那云层。因此，开口说话前，请先学习思考。由于我们的思想多少都有些晦涩，而表达跟随在思想后面，或者不够明确，或者更加纯粹。将我们缜密构思的东西，清晰地表达出来，让声音的到来，没有任何障碍。"[113]

注
释

1 Charles Juliet, « Écrire la voix », Le Nouveau Recueil. Revue Trimestrielle de Littérature et de Critique, no 35, Champ Vallon, juin-août 1995, p. 95

2 Denis Podalydès, Voix off, Paris, Gallimard, coll. « Folio », 2010, p. 15.

3 Hélène Loevenbruk, « La petite voix dans ma tête », Atelier Sciences et Voix, Laboratoire de psychologie et neurocognition, CNRS, université Grenoble Alpes, 3 mai 2018.

4 Sarah A. Collins, « Men's voices and women's choices », Animal Behavior, vol. 60, no 6, décembre 2000, p. 773–780.

5 N. Privat, Dysphonie et image sociale, 2009 ; F. Raymond, L'Image sociale véhiculée par la dysphonie, 2010 (mémoires de fin d'études d'orthophonie, sous la direction de Joana Révis, Centre de formation en orthophonie de Marseille, Aix-Marseille Université).

6 Joana Révis, La Voix et soi, ce que notre voix dit de nous, De Boeck Solal, 2013, p. 39.

7 Antoine de Saint-Exupéry, Le Petit Prince, Paris, Gallimard, 1947, p. 69.

8 Voir le schéma de l'appareil phonatoire p. 172.

9 Aristote, Éthique à Nicomaque, livre ii, chapitre i, Paris, Vrin, 1987, p. 88–89.

10 Jean-Paul Sartre, L'Âge de raison, Paris, Gallimard, 1958, p. 106.

11 Aristote, Les Politiques, livre i, chapitre ii, trad. de P. Pellegrin, Paris, Flammarion, coll. « GF », 1990, p. 90.

12 Ibid, p. 92.

13 Plutarque, OEuvres morales, livre iv, chapitre xix, trad. Ricard, Paris, Didier, 1844, p. 339.

14 Traité Sanhédrin, 65b.

15 Lucrèce, De la nature, livre v, Paris, Les Belles Lettres, 1985.

16 Voir p. 56.

17 Rabelais, Le Quart Livre, chapitre lvi, in OEuvres complètes, t. IV, Paris, Lemerre, 1870, p. 466.

18 Ibid.

19 Institut de recherche et coordination acoustique / musique.

20 Emmanuel Ponsot, Juan José Burred, Pascal Belin et Jean-Julien Aucouturier, « Cracking the social code of speech prosody using reverse correlation », PNAS, vol. 115, n° 15, 10 avril 2018, p. 3972-3977, https://doi.org/10.1073/pnas.1716090115.

21 Jean-Jacques Rousseau, Essai sur l'origine des langues, Paris, Flammarion, coll. « GF », 1993, p. 73.

22 Interview de Josef Schovanec pour le 20 h de France 2 , 30 mars 2015.

23 Jean-Jacques Rousseau, op. cit., p. 102.

24 Jacques Prévert, « Pages d'écriture », Paroles, Paris, Gallimard, 1946.

25 Paul Valéry, OEuvres complètes, éd. de Jean Hytier, Paris, Gallimard, coll. « Bibliothèque de la Pléiade », 1957, p. 623.

26 Ibid., p. 629.

27 Ibid. Il s'agit d'une transposition de ce que disait Valéry de la typographie du Coup de dés, qui ne lui semblait acceptable que parce qu'elle avait été concomitante à la genèse du poème et non plaquée dans un second temps.

28 Cicéron, L'Orateur idéal, livre xviii, chapitre lix, Paris, Rivages Poche / Petite Bibliothèque, 2009, p. 42.

29 Cicéron, Rhétorique à Herennius, livre iii, chapitre xiv, trad. de Thibaut, Didot, 1864.

30 Cicéron, L'Orateur idéal, livre xviii, chapitre lv, op. cit., p. 41.

31 Victor Hugo, Proses Philosophiques, Le Goût, in OEuvres complètes, Paris, Robert Laffont, coll. « Bouquins », 2002, p. 575.

32 Yves Ormezzano, Le Guide de la voix, Paris, Odile Jacob, 2010, p. 99.

33 Lucie Bailly, « Biomécanique du pli vocal », laboratoire 3SR, Atelier Sciences et Voix, Grenoble, 18 janvier 2018.

34 Les spécialistes de la voix et les médecins décrivant le mécanisme de soutien vocal ne sont pas tous d'accord. J'ai choisi d'en présenter une version simplifiée pour permettre au lecteur d'éprouver des sensations et d'être efficace. Le Dr Benoît Amy de la Bretèque privilégie une explication portant sur les différentes pressions d'air intérieures – la colonne d'air – et met en doute le rôle antagoniste du diaphragme, alors que le Dr Yves Ormezzano le décrit. Le mécanisme est complexe et dépend de la pression et du débit d'air nécessaire en fonction de l'expression vocale voulue (cri, parole douce ou forte, chant).

35 « Il y a trois éléments fondamentaux dans le chant : le souffle,le souffle et… le souffle ! »

36 Alain Arnaud, Les Hasards de la voix, Paris, Flammarion, 1984, p. 59.

37 Jean Abitbol, Le Pouvoir de la voix, Paris, Allary éditions, 2016, p. 204.

38 Boucle d'Or et les trois ours (d'après Robert Southey).

39 Sylvie Germain, Chanson des mal-aimants, Paris, Gallimard, coll. « Folio », 2004.

40 « La féminisation vocale », Atelier Sciences et Voix animé par Dominique Morsomme, professeur et logopède spécialisée en voix à l'université de Liège, Grenoble, 4 décembre

2015. Voir aussi Erwan Pepiot, « Voix de femmes, voix d'hommes : différences acoustiques, identification du genre par la voix et implications sycholinguistiques chez les locuteurs anglophones et francophones », thèse de doctorat, sous la direction de Jean-Yves Dommergues, université Paris viii, mai 2013.

41 Monique Demers, « Le registre vocal de tous les jours socialement plus parlant au masculin », Dialangue, bulletin de linguistique, université de Québec à Chicoutimi, vol. 11, avril 2000.

42 Smith J. S., « Women in charge: Politeness and directives in the speech of Japanese women », Language in Society, vol. 21, n° 1, 1992, p. 59–82.

43 Honoré de Balzac, Sarrasine, Études de moeurs, Scènes de la vie parisienne, tome VI de La Comédie humaine, Paris, Gallimard, coll. « Bibliothèque de la Pléiade », 1992, p. 1061.

44 Ibid.

45 Alain Arnaud, op. cit., p. 28.

46 Genèse, i, 2.

47 Plutarque, OEuvres morales, livre iv, chapitre xix, Paris, Didier, 1844, p. 339.

48 http://www.cymascope.com/cyma_research/musicology.html.

49 Genèse, i, 3.

50 « When God pronounced His name, with the word sprang the light and the life. » J. Williams Ab Ithel, The Barddas of Iolo Morganwg, 1862–1874, p. 83, https://www. globalgreyebooks.com/content/ books/ebooks/barddas-of-iolo-morganwg-volume-1.pdf.

51 Psaume 29, 4–8.

52 Barbara Cassin, Quand dire, c'est vraiment faire, Paris, Fayard, 2018, p. 27. Barbara Cassin s'appuie sur l'Odyssée d'Homère, vi, 127–138, dans la traduction de Bérard.

53 Évangile selon saint Jean, i, 1.

54 Dichterliebe, Heinrich Heine/Robert Schumann.

55 Roland Barthes, « Le Grain de la voix », Musique en jeu, no 9, 1972, p. 57–63.

56 Ibid.

57 Ibid.

58 Ibid.

59 Puccini, Tosca, « Vissi d'arte ».

60 Rainer Maria Rilke, « Sonnets à Orphée » (1922), Poésie, trad. de M. Betz, Paris, Émile-Paul frères, 1942.

61 Michel Poizat, L'Opéra ou le cri de l'ange, Paris, éd. Métailié, 1987, p. 17–18.

62 Jules Verne, Le Château des Carpathes, Paris, Le Livre de Poche, 1966, p. 128.

63 Ibid., p. 129.

64 Ibid., p. 133.

65 Ibid., p. 206.

66 Italo Calvino, « Un roi à l'écoute », in Sous le soleil jaguar, Paris, Gallimard, coll. « Folio », 2013, p. 67.

67 Italo Calvino, op. cit., p. 90.

68 Milan Kundera, L'Insoutenable Légèreté de l'être, Paris, Gallimard, coll. « Folio », 2018, p. 239.

69 Cicéron, Rhétorique à Herennius, livre xv, chapitre xx, op. cit., p. 52.

70 Vercors, Le Silence de la mer, Paris, Le Livre de Poche, 1953, p. 24.

71 Ibid. p. 48-49.

72 Italo Calvino, op. cit., p. 93.

73 Gabrielle Konopczynski, « La voix : monosupport ou multisupport ? », Cahiers de praxématique, A la recherche des voix du dialogisme, no49, 2007, p. 33-56.

74 Giacomo Rizzolatti et Laila Graighero, « Mirror neuron: a neurological approach to empathy », in J. P. Changeux., A. R. Damasio., W. Singer etY. Christen (dir.), Neurobiology of Human Values, Berlin, Springer-Verlag, 2005.

75 Edward T. Hall, La Dimension cachée, Paris, Seuil, coll. « Points Essais », 2014, p. 143 et suivantes.

76 Augusta Amiel-Lapeyre, Pensées sauvages, Bruges, Desclée de Brouwer, 1930.

77 Le bruit blanc est tel que la densité spectrale d'énergie est constante sur toute la gamme de fréquences audibles (de 20 à 20 000 Hz), ce qui signifie que toutes les fréquences sont présentes avec la même intensité (la radio qui grésille sans capter, le bruit des pas dans les feuilles mortes...).

78 Lignes isosoniques normales selon la norme ISO 226:2003.

79 Jean-Jacques Rousseau, Les Confessions, livre v, Paris, Flammarion, coll. « GF », 2002, p. 238.

80 Roland Barthes, « Les fantômes de l'Opéra », Le Grain de la voix, entretiens 1962-1980, Paris, Seuil, coll. « Points Essais », 1999, p. 200.

81 Ibid.

82 Emmanuel Kant, Critique de la faculté de juger, paragraphe 33, trad. d'Alain Renaut, Flammarion, coll. « GF », 2015.

83 Jean Cocteau, « La voix de Marcel Proust », La Nouvelle Revue Française (1909-1943), « Hommage à Marcel Proust (1871-1922) », no 112, Gallimard, janvier 1923.

84 Michel de Montaigne, Essais, livre iii, chapitre xiii, texte établi par P. Villey et V. L. Saulnier, Paris, PUF, 1965, p. 482.

85 Alain Arnaud, op. cit., p. 87.

86 Harry McGurk et John MacDonald, « Hearing lips and seeing voices », Nature, vol. 264, no 5588, 1976, p. 746-748.

87 Harry McGurk et John MacDonald, « Hearing lips and seeing voices », Nature, vol. 264, no 5588, 1976, p. 746-748.

88 Les Aventures de Tintin, réalisées par Ray Goossens et produit par Belvision.

89 Daniel Picouly, L'Enfant léopard, Paris, Le Livre de Poche, 2001, p. 185.

90 Hergé, Tintin au Tibet, Tournai, Casterman, 1993.

91 Ibid.

92 H. Loevenbruck, M. Baciu, C. Segebarth et C. Abry, Projet InnerSpeech, 2005.

93 Hélène Loevenbruck, « La petite voix dans ma tête », Atelier Sciences et Voix, 3 mai 2018.

94 Endophasie (du grec endo, dedans et phasie, parole), terme inventé en 1892 par Georges Saint-Paul, médecin et philosophe, dans Essais sur le langage intérieur (Lyon, Storck).

95 Victor Egger, La Parole intérieure, essai de psychologie descriptive, Paris, 1881.

96 Gabriel Bergounioux, « Endophasie et linguistique [Décomptes, quotes et squelette] », Langue française, «La parole intérieure », no 132, 2001, p. 106–124.

97 Ibid. p. 23.

98 Ibid.

99 Archives de la BNF, https://gallica.bnf.fr/ark:/12148/bpt6k127931s?rk=236052;4.

100 Paul Verlaine, « Mon rêve familier », Poèmes saturniens, Le Livre de Poche, 1996.

101 Roland Barthes, Fragments d'un discours amoureux, Paris, Seuil, 1977, p. 131.

102 Jean-Loup Rivière, « Le vague de l'air », Traverses, no 2 ; « La voix, l'écoute », Paris, Éditions de Minuit, novembre 1990, p. 18.

103 Marcel Proust, Du côté de chez Swann, Paris, coll. « Folio Classique », 2010, p. 46.

104 Ibid.

105 Hans Christian Andersen, La Petite Sirène, in Contes d'Andersen, trad. de Soldi, Hachette, 1876, p. 222.

106 Yves Ormezzano, op. cit., p. 366.

107 Denis Podalydès, op. cit., p. 179.

108 Alain, Propos sur le bonheur, Paris, Gallimard, coll. « Folio Essais », 2000.

109 Gaston Bachelard, L'Air et les Songes. Essai sur l'imagination du mouvement, Paris, Le Livre de Poche, coll. « Biblio Essais », 1992, p. 310.

110 Italo Calvino, op. cit., p. 89.

111 Nosedive, épisode 1 de la saison 3 de Black Mirror. Réalisation de Joe Wright, scénario de Rashida Jones et Mike Schur, d'après une histoire de Charlie Brooker, Netflix, 2016.

112 Maria Callas, Leçons de chant, transcrites par John Ardoin, Paris, Fayard / Van de Velde, 1991, p. 280.

113 D'après Nicolas Boileau, L'Art poétique, chant i.

图书在版编目（CIP）数据

喊、说、唱：声音的秘密与威望 /（法）柏莲·昂
赫著；魏清巍译. -- 北京：北京联合出版公司，
2022.5
　　ISBN 978-7-5596-5813-5

Ⅰ.①喊… Ⅱ.①柏… ②魏… Ⅲ.①声—普及读物
Ⅳ.①O42-49

中国版本图书馆CIP数据核字（2021）第281310号

« Crier, parler, chanter» by Perrine Hanrot
© Premier Parallèle, 2019
"This edition published by arrangement with Books And More #BAM, Paris, France and Divas
International, Paris, France 巴黎迪法国际版权代理 All rights reserved."

Simplified Chinese edition copyright © 2022 by Beijing United Publishing Co., Ltd.
All rights reserved.
本作品中文简体字版权由北京联合出版有限责任公司所有

喊、说、唱：声音的秘密与威望

[法] 柏莲·昂赫（Perrine Hanrot）　著
魏清巍　译

出 品 人：赵红仕
出版监制：刘　凯　赵鑫玮
选题策划：联合低音
特约编辑：杨　静
责任编辑：郭佳佳
封面设计：周伟伟
内文排版：薛丹阳

关注联合低音

北京联合出版公司出版
（北京市西城区德外大街83号楼9层　100088）
北京联合天畅文化传播公司发行
北京美图印务有限公司印刷　新华书店经销
字数135千字　880毫米×1230毫米　1/32　6.5印张
2022年5月第1版　2022年5月第1次印刷
ISBN 978-7-5596-5813-5
定价：55.00元

版权所有，侵权必究
未经许可，不得以任何方式复制或抄袭本书部分或全部内容
本书若有质量问题，请与本公司图书销售中心联系调换。电话：（010）64258472-800